Python不一般的一行程式碼

像高手般寫出簡潔有力的Python程式碼

Christian Mayer 著／藍子軒 譯

ISBN 9781718500501, published by No Starch Press Inc. 245 8th Street, San Francisco, California United States 94103.

謹獻給我的妻子 Anna

關於作者

Christian Mayer 是一位資訊科學博士，而且也是 *https://blog.finxter.com/* 這個頗受歡迎的 Python 網站的創始者，同時也是該網站相關最新資訊的維護者，目前這個網站約有兩萬名活躍的訂閱者，而且人數還在持續增加中。這個快速茁壯的網站曾幫助成千上萬的學生，提高了大家的程式設計技能，並為許多人的網路事業提供不少助益。Christian 也是個人出版《*Coffee Break Python*》系列書籍的作者。

關於技術審閱者

Daniel Zingaro 博士是多倫多大學資訊科學助理教授與獲獎教師。他的研究領域是資訊科學教育，主要研究學生如何學習（或有時為何不學習）資訊科學方面的題材。著有《*Algorithmic Thinking*》（No Starch Press 出版）一書。

CONTENTS

目錄

2
Python 小技巧 25

3
資料科學 59

4 機器學習 115

5 正則表達式 179

致謝

這個世界並不需要更多的書，但需要更好的書。非常感謝 No Starch Press 許多夥伴們，為了實現這個理念所付出的一切。本書汲取了眾人寶貴的建議和許多建設性的回饋，花費了大家好幾百小時辛勤的工作，才得出如此的成果。我衷心感謝 No Starch 團隊，因為有了他們，整個寫書的過程才會變得如此有趣。

我要特別感謝 Bill Pollock 邀請我寫這本書，他給了我各式各樣的啟發，也讓我對出版界有了更深入的見解。

我也非常感謝表現出色的內容編輯 Liz Chadwick，他熟練又有耐心，花了很多力氣把我的草稿轉換成更容易理解的形式。正因為有她強力的支援，本書才能達到當初專案啟動時從未想過的清晰程度。

我要感謝 Alex Freed 堅持不懈致力於提高文字的品質。能與如此有才華的編輯共事，是我的榮幸。

感謝我的製作編輯 Janelle Ludowise，謝謝他對每一個細節的熱愛，讓本書內容變得更加完美。Janelle 憑藉著她正向而熱情的作風，運用她的技能完成了本書最終的版本。謝啦！ Janelle。另外還要感謝 Kassie Andreadis，由於他的大力推動，本書才能得以完成。

我要特別感謝 Daniel Zingaro 教授。他投入大量時間與精力，還有他出色的資訊科學技能，為本書消除了許多錯誤。他還提供了許多精彩的建議，讓本書的內容更加清楚。如果沒有他的努力，本書不只會有更多錯誤，還會更加難以閱讀。換句話說，如果本書還有任何不正確之處，都是我自己的問題。

我的博士生導師 Rothermel 教授投入了大量的時間、技能與精力，教導我資訊科學各方面的知識，間接為本書做出了貢獻。我也要對他表達最深切的感激。

我永遠感謝美麗的妻子 Anna Altimira，她一直在傾聽、鼓勵、支持我各種最瘋狂的想法。我也感謝我的孩子 Amalie 與 Gabriel，他們充滿啟發性的好奇心及滿滿的笑容，為我的生活帶來無窮的幸福。

最後是我最大的動力來源，也就是來自 Finxter 社群裡眾多活躍的成員。首先要說的是，我總算為你們這些雄心勃勃的程式設計者寫出了這本書；只要身為程式設計者，總想提高自己的程式設計技能，並解決現實世界中各種實際的問題。在我漫長的工作歲月中，許多 Finxter 成員們透過各種感謝郵件不停鼓勵著我，促使我在本書寫出了更多的內容。

前言

Python 一行程式碼範例

關於「可讀性」

本書是寫給誰看的？

你會學到哪些東西？

線上資源

我想透過這本書，協助你成為 Python 高手。本書把重點放在 *Python* 的「一行程式碼」，也就是把一些簡潔實用的程式，打包成 Python 一行程式碼。我們把重點聚焦於一行程式碼，應該可協助你更快讀懂並寫出更簡潔的程式碼，也可以增進你對語言的理解。

另外還有五個理由，讓我相信 Python 一行程式碼的學習可協助你成長，而且確實值得好好研究。

第一，你可藉此提高 Python 的核心技能，進而克服許多讓你退縮的程式設計弱點。如果你對基礎沒有深刻理解，恐怕很難在技術上有所進展。而一行程式碼正是任何程式的基本構成元素。只要好好瞭解這些基本構成元素，就可以協助你掌握更高層次的複雜度，而不至於感到不知所措。

第二，你可以學習到如何善用一些廣受歡迎的 Python 函式庫（例如資料科學、機器學習相關的函式庫）。本書共有六個章節，從正則表達式到機器學習，可說是各大領域皆有所涉略。這樣的做法可以讓你很快對 Python 應用有個整體的概念，而且我們也會教你如何善用各種功能強大的函式庫。

第三，你會學到如何寫出更符合 Python 風格的程式碼。大部分 Python 初學者（尤其是學過其他程式語言的初學者）常會寫出不符合 Python 風格的程式碼。我們會介紹一些 Python 特有的概念（例如解析式列表、同時指定多值與切取片段的做法），這些概念全都是為了協助你，寫出同領域其他程式設計者更容易閱讀與分享的程式碼。

第四，學習 Python 一行程式碼，一定會迫使你採用更清晰簡潔的方式進行思考。如果你很在意每一行程式碼所用到的字數，自然就不會寫出鬆垮垮、沒有重點的程式碼。

第五，當你學會一整套一行程式碼的技巧之後，就有能力更快速瀏覽其他複雜的 Python 程式碼，而且你的程式碼也會讓朋友或其他檢視者留下深刻的印象。你可能會發現，運用一行程式碼來解決一些很有挑戰性的程式設計問題，本身就很有趣、很有成就感。而且你並不孤單：網路上各種充滿活力的 Python 技客社群，經常有許多人在競爭，看誰能寫出最高度壓縮、最具 Python 風格的解法，以解決各種實際（或沒那麼實際）的問題。

Python 一行程式碼範例

本書的中心論點是，學習 Python 一行程式碼既是理解高級程式碼的基礎，也是提高技能的絕佳工具。如果你想確實理解好幾千行的程式碼，搞清楚其中究竟發生什麼事，就必須瞭解每一行程式碼的含義。

我們先來快速檢視一下，什麼是 Python 一行程式碼。如果你目前還無法完全理解，也請不要擔心。到了第 6 章，你就能完全掌握這裡的一行程式碼了。

```
q = lambda l: q( ❶[x for x in l[1:] if x <= l[0]]) + [l[0]] + q([x for x in l if x > l[0]]) if l else []
```

這一行程式碼針對著名的 Quicksort（快速排序）演算法進行了壓縮，構成了一種優美而簡潔的寫法，不過對於許多 Python 初學者與中等程度的人來說，其中的含義恐怕很難理解。

Python 一行程式碼通常會根據之前的基礎逐步建構起來，因此本書一行程式碼的複雜度也會逐步提升。我們會先從簡單的一行程式碼開始，而這一行程式碼又會變成更複雜一行程式碼的基礎。舉例來說，前面所提到的快速排序一行程式碼看起來又難又長，但其中「解析式列表」（list comprehension）❶ 則是相對比較容易的一個基礎概念。下面有個比較簡單的解析式列表，可用來建立一個平方數的列表：

```
lst  = [x**2 for x in range(10)]
```

我們可以把這一行程式碼拆成好幾行更簡單的程式碼，其中包含一些重要的 Python 基礎寫法，例如指定變數值、數學運算、資料結構、

for 迴圈、成員檢查操作、range 函式等等不同的概念與做法，全都可以包含在 Python 的一行程式碼之中！

我們要知道：「基礎」絕不代表「不重要」。這裡所討論的每一行程式碼全都很有用處，而且本書每一章都會針對資訊科學某個單獨的領域或主題， 讓你對 Python 強大的功能有更廣泛的認識。

關於「可讀性」

Python 的禪意（*The Zen of Python*）針對 Python 程式語言，提出了 19 條指導原則。只要在 Python shell 中輸入 import this，你就能讀到相應的內容：

```
>>> import this
The Zen of Python（Python 的禪意）, by Tim Peters

Beautiful is better than ugly.（優美總比醜陋好。）
Explicit is better than implicit.（明顯總比隱晦好。）
Simple is better than complex.（單純總比複合好。）
Complex is better than complicated.（複合總比複雜好。）
Flat is better than nested.（扁平總比嵌套好。）
Sparse is better than dense.（稀疏總比密集好。）
Readability counts.（可讀性至關重要。）
-- 以下省略 --
```

根據「*Python* 的禪意」其中的說法，「可讀性至關重要」。一行程式碼可說是程式碼用來解決問題的最簡約形式。在許多情況下，把一段程式碼重寫成 Python 一行程式碼，通常可以提高可讀性，而且可以讓程式碼更符合 Python 風格。其中一個例子就是前面所提過的「解析式列表」，它可以把 *list* 列表的建立過程，縮減成一行程式碼。請看以下的範例：

```
# 精簡前
squares = []
```

```
for i in range(10):
    squares.append(i**2)

print(squares)
# [0, 1, 4, 9, 16, 25, 36, 49, 64, 81]
```

在這段程式碼中，我們需要四行程式碼，才能建立 10 個平方數的列表，並在 shell 界面列印出結果。不過，一行程式碼的解法顯然好很多，因為它可以用一種更容易閱讀、更簡潔的方式，達到完全相同的效果：

```
# 精簡後
print([i**2 for i in range(10)])
# [0, 1, 4, 9, 16, 25, 36, 49, 64, 81]
```

輸出的結果完全相同，但一行程式碼所採用的解析式列表，更符合 Python 的風格。程式碼不僅更容易閱讀，而且也更加簡潔。

不過，Python 一行程式碼也有可能變得很難理解。在某些情況下，用 Python 一行程式碼來解決問題，反而會讓程式碼變得比較不容易讀懂。不過，就像西洋棋大師一樣，他們在判斷下哪個棋子最好之前，都必須先想好所有可能的棋步；你也應該瞭解各種運用程式碼來表達想法的所有做法，這樣才能判斷哪一種是最好的做法。找出**最漂亮的**解決方式，並不是件輕而易舉的事；這可說是 Python 體系裡的一個核心概念。「*Python* **的禪意**」不是也說了：「優美總比醜陋好」。

本書是寫給誰看的？

你是能力介於初級到中級的 Python 程式設計者嗎？和許多程度相近的人一樣，你的程式設計能力或許正陷入進展緩慢的困境。這本書可以協助你脫離困境。你應該已經在網路上閱讀過許多程式設計教程。你也已經編寫過自己的原始程式碼，成功交付過小型的專案。或許你還修過一些程式設計基礎課程，閱讀過一兩本程式設計教科書。你甚至有可能在大學已經修過某些技術課程，已經瞭解資訊科學與程式設計的一些基礎知識。

也許你受到某些信念的束縛，例如你或許覺得大多數程式設計者理解原始程式碼的速度比你快得多，你感覺自己的功力遠不及排名前 10% 的程式設計師。如果你想達到高階的程式設計水準，想成為頂尖的程式設計高手，就必須持續學習新的技能。

我之所以這麼說，是因為 10 年前我開始學習資訊科學時，一直堅信自己對程式設計一無所知。而且在同時間，我又覺得身邊許多人似乎都已經非常有經驗，個個都是精通熟練的高手。

我想在本書協助你克服這些侷限你的信念，把你往精通 Python 的方向多推進一步。

你會學到哪些東西？

這裡就是你將學到的內容概述。

第 1 章：Python 複習課

介紹一些非常基礎的 Python 知識，讓你好好複習一下。

第 2 章：Python 小技巧

包含了 10 種一行程式碼技巧，可協助你掌握一些基礎知識，像是解析式列表、檔案輸入、`lambda` 函式、`map` 與 `zip`、`all()` 量詞、切取片段與列表基本運算等等。你還會學習到如何善用各種資料結構，來解決各種日常問題。

第 3 章：資料科學

以 NumPy 函式庫為基礎，內容包含 10 種與資料科學相關的一行程式碼。Python 具有強大的機器學習與資料科學處理能力，而 NumPy 正是其中的核心。你將會學習到 NumPy 其中關於陣列、形狀、軸、型別、撒播機制（broadcasting）、進階索引、切取片段、排序、搜尋，匯總與統計等等相關的一些基礎知識。

第 4 章：機器學習

內容涵蓋 10 種運用 scikit-learn 函式庫進行機器學習的一行程式碼。你會學習到一些可進行預測的迴歸演算法。範例包括線性迴歸、K 最近鄰與神經網路。你還會學到一些像是邏輯迴歸、決策樹學習、支撐向量機與隨機森林這類的分類演算法。此外，你會學到如何計算多維資料陣列的一些基本統計量，以及如何使用 K 均值演算法進行無監督學習。這些全都是機器學習領域最重要的一些演算法。

第 5 章：正則表達式

內容包含 10 種一行程式碼，可協助你運用正則表達式達到更好的效果。你會學到各種基本的正則表達式，然後再把它們重新組合，創建出更進階的正則表達式，進一步善用群組與具名群組（named group）、後面非（negative lookahead）模式、轉義字元、空白字元、各種字元集合（及否定字元集合），以及各種貪婪 / 非貪婪取向的運算符號。

第 6 章：演算法

內容包含 10 種一行程式碼演算法，可解決各種資訊科學相關的主題，包括易位構詞、迴文、冪集合、排列方式、階乘、質數、費氏數列、混淆做法、搜尋與排序演算法。其中有許多可構成更高級演算法的基礎，而且在全面的演算法教育方面，也可以播下一些希望的種子。

後記

總結了本書的內容，讓你帶著更強大的 Python 程式設計新技能，迎向現實世界各種全新的挑戰。

線上資源

為了豐富本書的訓練資源，我準備了一些補充內容，你只要前往下列兩個網址其中之一，就可以自行從網路找到這些補充的資源。

- *https://pythononeliners.com/*

- *http://www.nostarch.com/pythononeliners/*

這些具有互動性的資源內容包括：

Python 速查表（Python cheat sheets）：你可以把這些 Python 速查表下載成可列印的 PDF 並把它貼到牆上。速查表的內容包含 Python 各種基本功能，只要深入學習，一定可以提高自己的 Python 技能，並為你補上一些之前可能漏掉或錯過的重要知識。

一行程式碼影片課程（One-liner video lessons）：我根據本書錄製了許多 Python 一行程式碼課程，做為我 Python 電子郵件課程的一部分，你可以免費存取這些課程。這些課程可協助你學習，並提供多媒體的學習體驗。

Python 謎題（Python puzzles）：你可以善用一些網路上的資源，解決一些 Python 謎題，像是免費使用 *Finxter.com* 來測試、訓練你的 Python 技能，或是在閱讀本書的過程中衡量一下你的學習進展。

程式碼檔案與 Jupyter Notebook：你必須捲起袖子，真正開始使用程式碼，才能逐步掌握 Python。建議不妨花點時間，隨意測試一下不同的參數值與輸入資料。為了方便起見，我已經把所有的 Python 一行程式碼檔案，全都設定成可執行的檔案了。

1

Python 複習課

基本資料結構

容器資料結構

流程控制

函式

lambda 匿名函式

本章的目的，就是讓你重新認識 Python 基本資料結構、關鍵字、流程控制與其他基礎知識。本書的目標讀者，就是希望在程式設計專業上達到更高水準的中等程度 Python 程式設計者。如果你想達到專家或高手的程度，就必須對基礎知識進行全面的研究。

深入瞭解基礎知識，可以讓你往後退一步，看到更宏大的前景，無論你想成為 Google 的技術負責人、資訊科學專業教授，或者是一名出色的程式設計師，這都是很重要的一件事。舉例來說，資訊科學專業教授對於相關領域的基礎知識，通常都有非常深刻的理解，這樣他們才能從第一原理（first principles）出發，提出主張並找出研究上的突破口，而不會被最新的技術所蒙蔽。本章將會介紹一些最重要的 Python 基礎知識，這些全都是本書更高階主題的基礎。

基本資料結構

透徹瞭解資料結構（data structure），是身為程式設計者最基本的技能之一。無論是建立機器學習專案、使用大型程式碼庫、建立與管理網站，還是編寫演算法，這樣的透徹理解都非常有用。

數值資料型別與資料結構

整數（integer）與浮點數（float），就是最重要的兩種數值資料型別（data type）。**整數**是不帶小數點的正負數值（例如 3）。**浮點數**則是帶有小數點，可用來表示更精確的正負數值（例如 3.14159265359）。Python 提供了許多內建的數值運算方法，還有一些針對不同資料型別進行轉換的功能函式。只要仔細研究一下列表 1-1 的範例，就可以掌握這些非常重要的數值運算方法。

```
## 各種算術運算方法
x, y = 3, 2
print(x + y) # = 5
print(x - y) # = 1
```

```
print(x * y) # = 6
print(x / y) # = 1.5
print(x // y) # = 1
print(x % y) # = 1
print(-x) # = -3
print(abs(-x)) # = 3
print(int(3.9)) # = 3
print(float(x)) # = 3.0
print(x ** y) # = 9
```

列表 1-1：數值資料型別

大部分的運算符號都很簡單，不需要特別說明。其中 `//` 這個運算符號執行的是整數除法。其結果會得到一個無條件捨去小數的整數值（例如 `3 // 2 == 1`）。

布林值

布林（*Boolean*）型別的變數只會有兩種值，不是 `False`（假）就是 `True`（真）。

在 Python 中，布林與整數這兩種資料型別具有密切的關係：布林資料型別在 Python 的內部，其實是用整數值來表示（預設情況下，`False` 這個布林值是用整數 `0` 來表示，`True` 這個布林值則是用整數 `1` 來表示）。列表 1-2 就是這兩種布林關鍵字的範例。

```
x = 1 > 2
print(x)
# False（假）

y = 2 > 1
print(y)
# True（真）
```

列表 1-2：布林值 `False` 與 `True`

在評估過給定的表達式之後，變數 `x` 就會得到布林值 `False`，變數 `y` 則會得到布林值 `True` 的結果。

布林值可搭配三個重要的關鍵字，創造出更複雜的 Python 表達式。

關鍵字：and、or、not

所謂的布林表達式（boolean expression），其實就是基本的邏輯運算。只要搭配下面三個關鍵字，就可以建構出各種複雜的表達式：

> and（且）：如果 x 為 True「且」y 為 True，x and y 這個表達式的計算結果就是 True。如果其中任何一個為 False，整個表達式就會變成 False。
>
> or（或）：如果 x 為 True「或」y 為 True（或是兩個值均為 True），x or y 這個表達式的計算結果就是 True。實際上只要其中有一個為 True，表達式的結果就是 True。
>
> not（非）：如果 x 為 False，not x 這個表達式的結果就是 True。如果 x 為 True，表達式的計算結果就是 False。

請檢視一下列表 1-3 的 Python 程式碼。

```
x, y = True, False

print((x or y) == True)
# True

print((x and y) == False)
# True

print((not y) == True)
# True
```

列表 1-3：關鍵字 and、or、not

只要善用這三個關鍵字，你就可以表達所有的邏輯表達式。

布林運算的優先順序

如果想理解布林邏輯的運算結果，就必須先瞭解布林運算符號的套用順序。舉例來說，請考慮一下「it rains and it's cold or windy」（在下雨而且很冷或有風）這段自然語言的陳述。我們有兩種方式可以對它做出解釋：

「(it rains and it's cold) or windy ——（在下雨而且很冷）或有風」在這樣的解釋下，如果有風但沒下雨，這個陳述句也是對的（True）。

「it rains and (it's cold or windy) —— 在下雨而且（很冷或有風）」在這樣的解釋下，如果沒下雨，無論是很冷或有風，這個陳述句都是錯的（False）。

由此可見，布林運算符號的優先順序確實很重要。以這個陳述句來說，第一種解釋方式才是正確的，因為 and 運算符號的優先級高於 or 運算符號。我們再來看一下列表 1-4 的程式碼。

```
## 1. 布林運算
x, y = True, False

print(x and not y)
# True

print(not x and y or x)
# True

## 2.if 後面的各個條件判斷結果皆為 False
if None or 0 or 0.0 or '' or [] or {} or set():
    print("Dead code") # 這行並不會執行
```

列表 1-4：布林資料型別

這段程式碼有兩個要點。第一，布林運算符號會根據優先順序進行運算 —— `not` 具有最高優先級，其次是 `and`，最後才是 `or`。第二，下面這些值全都會被視為 `False`：關鍵字 `None`、整數值 `0`、浮點數值 `0.0`、空字串，以及空容器型別（container type，稍後就會介紹）。

字串

Python 字串（*string*）其實是由一連串的字元（character）所組成。字串是不可變的（immutable），因此建立之後就無法改變了[譯註1]。雖然建立字串有很多種不同的方法，但最常用的五種方法如下：

單引號：`'Yes'`

雙引號：`"Yes"`

多行字串三引號：`'''Yes'''` 或 """Yes"""

字串方法：`str(5)=='5'` 的結果為 `True`

串接：`'Py'+'thon'` 就會變成 `'Python'`

在一般的字串中，經常會用到所謂的**空白字元**（*whitespace characters*）。最常用的空白字元包括換行字元 `\n`、空白字元 `\s` 與 tab 字元 `\t`。

列表 1-5 顯示的就是最重要的幾種字串方法。

```
## 最重要的幾種字串方法
y = "    This is lazy\t\n   "

print(y.strip())
# 移除空白字元：'This is lazy'
```

譯註 1　其實應該說，如果改變，就不再是放在記憶體中同一位置的同一個字串了。

```
print("DrDre".lower())
# 小寫：'drdre'

print("attention".upper())
# 大寫：'ATTENTION'

print("smartphone".startswith("smart"))
# 字串開頭與參數相符：True

print("smartphone".endswith("phone"))
# 字串結尾與參數相符：True

print("another".find("other"))
# 比對相符的索引位置：2

print("cheat".replace("ch", "m"))
# 把所有出現第一個參數的文字全都換成第二個參數：meat

print(','.join(["F", "B", "I"]))
# 用分隔字串把列表中所有元素串接起來：F,B,I

print(len("Rumpelstiltskin"))
# 字串長度：15

print("ear" in "earth")
# 檢查其中是否包含：True
```

列表 1-5：字串資料型別

從這裡所列出的各種字串方法，就可以看出字串資料型別真的很強大，而且只要使用預設的 Python 功能函式，就可以解決許多常見的字串問題。如果針對各種字串相關問題，不確定該如何取得特定的結果，請查閱以下連結的線上參考文件，這份文件列出了所有的預設字串方法。

https://docs.python.org/3/library/string.html#module-string

布林值、整數、浮點數與字串，都是 Python 最重要的基本資料型別。不過，光只有這些簡單的資料型別還不夠，我們通常還是需要**建構出一些特定的資料結構**。在這樣的情況下，容器型別（container type）

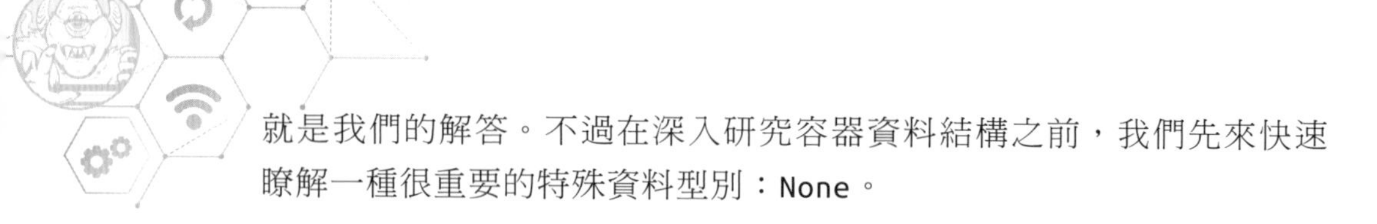

就是我們的解答。不過在深入研究容器資料結構之前，我們先來快速瞭解一種很重要的特殊資料型別：None。

關鍵字：None

None 這個關鍵字是個 Python 常數，它就是「沒有值」的意思。在其他程式語言（例如 Java）中，則是常用 null 來表示。但是，「null」這個字眼經常讓初學者感到困惑，因為一般人往往以為它就等於 0 這個整數值。Python 選擇不同做法，改用 None 這個關鍵字，如列表 1-6 所示，以表明它與任何零數值、空列表或空字串並不相同。有趣的是，None 這個值其實是 NoneType 這個資料型別其中唯一的值。

```
def f():
    x = 2


# 'is' 這個關鍵字隨後就會介紹
print(f() is None)
# True

print("" == None)
# False

print(0 == None)
# False
```

列表 1-6：關鍵字 None 的使用範例

這段程式碼呈現了 None 這個資料值的一個範例（以及另外幾個不是 None 的例子）。如果你的函式並沒有送回值，預設送回來的值就是 None。

容器資料結構

Python 有所謂的「容器資料型別」（container data type），可用來有效處理一些複雜的操作，而且很容易使用。

list 列表

list 列表是一種容器資料型別，可用來儲存一系列的元素。與字串不同的是，list 列表是**可變的**（*mutable*）—— 你可以在執行階段對它進行修改[譯註 2]。隨後許多範例都會用到 list 列表，這些範例就是對 list 資料型別最好的說明：

```
l = [1, 2, 2]
print(len(l))
# 3
```

這段程式碼顯示的是如何使用方括號建立 list 列表，以及如何把三個整數元素填入 list 列表的做法。你可以看到，list 列表內可以有重複的元素。`len` 函式則會送回 list 列表內的元素數量。

關鍵字：is

`is` 這個關鍵字可用來簡單檢查兩個變數，看看兩者是否指向記憶體內相同的物件。Python 新手有可能對此感到很困惑。列表 1-7 分別檢查了兩個整數與兩個列表，看看兩者是否參照到記憶體內的同一個物件。

```
y = x = 3

print(x is y)
# True

print([3] is [3])
# False
```

列表 1-7：關鍵字 `is` 的使用範例

譯註 2　其實執行階段也可以對字串進行修改，但 list 列表修改之後，在記憶體內還是指向同一個 list 列表；字串修改之後，就變成記憶體內的另一個字串了。

如果你建立兩個列表，即使裡頭包含相同的元素，還是會分別參照到記憶體內不同的兩個列表物件。修改其中一個列表物件，並不會影響到另一個列表物件。我們曾說過列表是可變的（*mutable*），因為你可以在建立之後對其進行修改。因此，如果你檢查兩個列表是否指向記憶體內的同一物件，就會得到 `False` 的結果。相對來說，整數值就是不可變的（*immutable*），因此絕不會有「因為某個變數改動了物件，因而意外改動到其他變數」這樣的風險。其原因在於你無法改動 `3` 這個整數物件 —— 如果你嘗試這麼做，結果只會建立一個新的整數物件，而舊的整數物件則依然保持不變。

添加元素

Python 提供了三種常用方法，可以在現有列表中添加元素：*append*、*insert*，以及「**列表串接**」的做法。

```
# 1.Append（從後面附加上去）
l = [1, 2, 2]
l.append(4)
print(l)
# [1, 2, 2, 4]

# 2. Insert（從某個位置插入）
l = [1, 2, 4]
l.insert(2, 3)
print(l)
# [1, 2, 3, 4]

# 3. 列表串接
print([1, 2, 2] + [4])
# [1, 2, 2, 4]
```

上面這三種操作都會生成相同的列表 `[1, 2, 2, 4]`。不過 *append* 操作的速度最快，因為它既不必為了在正確位置插入元素而遍歷列表（*insert* 的做法），也不必在兩個子列表之外建立一個新列表（**列表串接**的做法）。粗略來看，唯有新添加的元素位置不在列表最後面的情況下，才會使用 insert 操作。此外，你可以用列表串接的方式，串接兩個任意長度的列表。請注意，其實還有第四種方法 `extend()`，可以讓你用一種有效率的方式，把多個元素 append 到某個列表中。

移除元素

你可以用 `remove(x)` 這個 `list` 方法，從列表中輕鬆刪除元素 `x`：

```
l = [1, 2, 2, 4]
l.remove(1)
print(l)
# [2, 2, 4]
```

這個方法會針對列表物件本身進行操作，而不是建立新列表再放入改動後的結果。在前面的程式碼範例中，我們建立了一個名為 `l` 的列表物件，並透過刪除元素的做法，確實修改了記憶體中的物件。這種做法可以讓同一個列表資料減少冗餘的副本，藉此節省記憶體的額外開銷。

反轉列表

你可以用 `list.reverse()` 方法來反轉列表元素的順序：

```
l = [1, 2, 2, 4]
l.reverse()
print(l)
# [4, 2, 2, 1]
```

反轉列表也會直接改動到原始的列表物件，而不會建立新的列表物件。

排序列表

你可以用 `list.sort()` 方法，針對列表元素進行排序：

```
l = [2, 1, 4, 2]
l.sort()
```

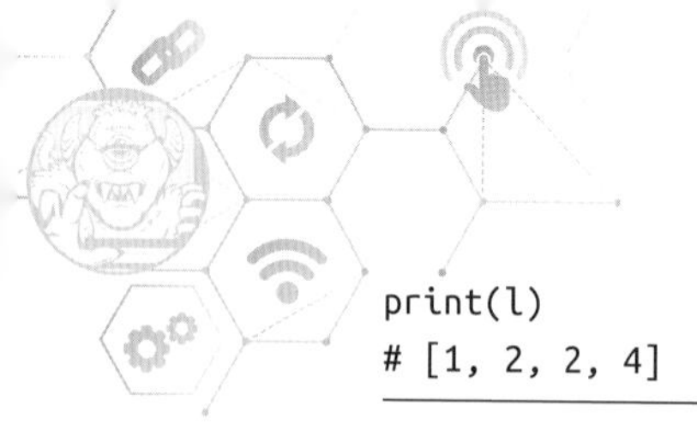

```
print(l)
# [1, 2, 2, 4]
```

同樣的，針對列表進行排序也會直接改動到原始的列表物件。結果所得到的列表會以升序排列。如果列表內包含字串物件，就會按照文字升序（從 'a' 到 'z'）的順序排列。通常排序函式都會假設，所要比較的兩個物件是可以進行比較的。大體上來說，不管是哪一種資料型別物件 a 與 b，只要能夠計算出 a > b 的結果，Python 就可以對列表 [a, b] 進行排序。

列表元素的索引操作

你可以用 list.index(x) 方法，找出指定的列表元素 x 相應的索引值：

```
print([2, 2, 4].index(2))
# 0

print([2, 2, 4].index(2,1))
# 1
```

index(x) 這個方法會在列表中找到第一個與元素 x 相符的項目並送回其索引值。與其他主要程式語言一樣的是，Python 會把索引值 0 指定給第一個結果，索引 *i-1* 指定給第 *i* 個結果。

stack 堆疊

stack（堆疊）這種資料結構的運行方式很直觀，它會呈現出一種先進先出（FIFO）的結構。[譯註 3] 你可以把它想像成一疊文件：新文件每次都放在整堆舊文件的最上面，而當你要拿文件時，又總是先拿最上面的文件。在資訊科學領域中，stack 是一種很基本的資料結構，在作業

譯註 3　stack 應該是 LIFO 後進先出才對；FIFO 先進先出的應該是 queue 佇列。

系統管理、演算法、語法解析與錯誤回溯（backtracking）等方面都會用到。

我們可以很直觀地把 Python 列表當成 stack 來使用，只要用 `append()` 就可以把資料添加到 stack 中，而用 `pop()` 則可以移出最近所添加的項目：

```
stack = [3]
stack.append(42) # [3, 42]
stack.pop() # 42 (stack: [3])
stack.pop() # 3 (stack: [])
```

由於列表的實作本身很有效率，因此通常並不需要為了使用 stack 而匯入外部的函式庫。

set 集合

在 Python 與其他許多程式語言中，*set*（集合）這種資料結構都是用來收集資料的一種基本資料型別。一些比較流行的分散式計算語言（例如 MapReduce 或 Apache Spark）甚至幾乎完全專注於各種 set 相關操作，把 set 當成程式設計語言最基本的原生資料結構。那麼，set 究竟是什麼呢？所謂的 set，其實就是由一些唯一而不重複（unique）的元素所構成的無序（unordered）集合（collection）。接下來我們就根據此定義進行分解，以做為後續說明的主要內容。

集合（collection）

set 集合內有一堆的元素，就像 list 列表或 tuple 元組一樣。這一堆元素有可能是原生的元素（整數、浮點數、字串），也有可能是複合的元素（物件、元組）。不過，在 set 裡所有的資料型別，都必須是可雜湊的（*hashable*），換句話說，每個元素都有相應的雜湊值。物件的雜湊值永遠不會改變，因此可用來進行物件與物件之間的比較。我們就來看一下列表 1-8 的範例，這個範例先檢查幾個字串的雜湊值，然後再用三個字串建立一個 set 集合。這裡也試圖用兩個 list 列表來建立一個 set 集合，但是結果卻失敗了，因為 list 列表並不是可雜湊的。

```
hero = "Harry"
guide = "Dumbledore"
enemy = "Lord V."
print(hash(hero))
# 6175908009919104006

print(hash(guide))
# -5197671124693729851

## 我們可以用一堆字串，建立一個 set 集合嗎？
characters = {hero, guide, enemy}
print(characters)
# {'Lord V.', 'Dumbledore', 'Harry'}

## 我們可以用一堆列表，建立一個 set 集合嗎？
team_1 = [hero, guide]
team_2 = [enemy]
teams = {team_1, team_2}
# TypeError: unhashable type: 'list'
```

列表 1-8：set 資料型別只能接受可雜湊元素。

你可以用一堆字串建立一個 set 集合，因為字串是**可雜湊的**。不過你無法用一堆 list 列表建立一個 set 集合，因為 list 列表是**不可雜湊的**。其中的原因是，每個元素的雜湊值完全取決於元素的內容，但由於 list 列表資料型別是**可變的**（*mutable*）；如果列表改變了，就算有雜湊值也一定會跟著改變。事實上，可變的（mutable）資料型別一定是不可雜湊的，因此絕對無法用它來建立 set 集合。

無序（unordered）

與 list 列表不同的是，set 集合裡的元素並沒有固定的順序。無論你是用什麼順序把東西放入 set 集合，都無法確定 set 集合保存這些元素的順序。這裡有個範例：

```
characters = {hero, guide, enemy}
print(characters)
# {'Lord V.', 'Dumbledore', 'Harry'}
```

我明明把 hero 放在第一個位置，但解譯器的輸出卻把 enermy 放在最前面（可見 Python 解譯器顯然是站在暗黑的那一方）。請注意，你的解譯器也有可能以另一種順序輸出結果。

唯一而不重複（unique）

set 集合內所有元素都必須是唯一而不重複的。比較正式的說法是，集合中任兩個值 x 與 y 都滿足 `x != y` 的關係，相應的雜湊值也必不相同 `hash(x) != hash(y)`。由於 set 集合中任兩個元素 x 與 y 都不相同，因此你絕對無法在 set 集合內建立一支哈利·波特（Harry Potter）克隆人軍隊來對抗佛地魔（Lord V.）：

```
clone_army = {hero, hero, hero, hero, hero, enemy}
print(clone_army)
# {'Lord V.', 'Harry'}
```

無論你把相同的值放入同一個 set 集合多少次，集合內還是只會保存一個實例（instance）。因為這些值全都具有相同的雜湊值，而每個雜湊值最多只能對應一個元素。除了一般的 set 集合資料結構之外，還有一種叫做**多集合（*multiset*）的擴展型資料結構**，它則可以讓相同的值保存多個實例。不過，在實務中很少用到。相反的，幾乎所有重要的程式碼專案都會用到 set 集合 —— 舉例來說，假設有一個由客戶所構成的集合，以及一個由造訪過某商店的人所構成的集合，如果這兩個集合進行交集操作，就會得到一個新集合，其中包含的就是所有造訪過某商店的客戶。

dict 字典

dict 字典是用來保存（鍵，值）這種成對的資料，很好用的一種資料結構：

```
calories = {'apple' : 52, 'banana' : 89, 'choco' : 546}
```

你只要在方括號內指定鍵（key），就可以讀取或寫入元素的值（value）：

```
print(calories['apple'] < calories['choco'])
# True

calories['cappu'] = 74

print(calories['banana'] < calories['cappu'])
# False
```

只要使用 `keys()` 與 `values()` 函式，就可以存取 dict 字典所有的鍵與值：

```
print('apple' in calories.keys())
# True

print(52 in calories.values())
# True
```

你也可以用 `items()` 方法，存取字典的（鍵，值）對：

```
for k, v in calories.items():
    print(k) if v > 500 else None
# 'choco'
```

這樣一來，很容易就能遍歷 dict 字典中所有的鍵與值，而不用再各別進行存取。

成員檢查

只要使用 `in` 這個關鍵字來檢查 set 集合、list 列表或 dict 字典，就可以檢查其中是否包含某元素（請參見列表 1-9）。

```
❶ print(42 in [2, 39, 42])
  # True

❷ print("21" in {"2", "39", "42"})
  # False

  print("list" in {"list" : [1, 2, 3], "set" : {1,2,3}})
  # True
```

列表 1-9：關鍵字 `in` 的使用範例

你可以用 `in` 這個關鍵字來檢查 `42` 這個整數值有沒有包含在 list 列表之中 ❶，或是檢查 `"21"` 這個字串有沒有出現在 set 集合內 ❷。如果元素 *x* 有出現在 *y* 之中，我們就會說 *x* 是 *y* 的「**成員**（*member*）」。

檢查 set 集合的成員，速度比檢查 list 列表的成員更快：如果要檢查元素 *x* 是否出現在列表 *y* 之中，你必須遍歷整個 list 列表，直到找出 *x* 或檢查完所有元素為止。不過，set 集合的實作方式與 dict 字典很類似：如果要檢查元素 *x* 是否出現在集合 *y* 之中，Python 內部只要執行一個操作 `y[hash(x)]`，再檢查送回來的值是否為 `None` 即可。

解析式列表與解析式集合

解析式列表（*list comprehension*）是一種很受歡迎的 Python 功能，它可協助你快速建立與修改 list 列表。如果簡單寫成公式，可以把它寫成 `[ 表達式 + 條件式 ]`：

表達式（Expression）：告訴 Python 如何處理列表中的每個元素。

條件式（Context）：告訴 Python 要選取哪些列表元素。條件式是由任意數量的 `for` 與 `if` 語句所組成。

舉例來說，在 `[x for x in range(3)]` 這個解析式列表語句中，第一部分的 x 就是（本體）表達式，而第二部分的 `for x in range(3)` 則是條件式。這個語句會建立一個列表 `[0, 1, 2]`。如範例所示，`range()` 函式如果只給一個參數，就會送回一系列連續的整數值 0、1、2。另一個解析式列表的程式碼範例如下：

```
# (name, $-income)
customers = [("John", 240000),
             ("Alice", 120000),
             ("Ann", 1100000),
             ("Zach", 44000)]

# 收入超過一百萬的高價值客戶
whales = [x for x,y in customers if y>1000000]
print(whales)
# ['Ann']
```

解析式集合與解析式列表很類似，只不過所建立的是 set 集合，而不是 list 列表。

流程控制

流程控制（*control flow*）相關功能函式可以讓你在程式碼中進行判斷。我們可以把演算法與烹飪食譜做個對比 —— 食譜通常都是由一系列的指令所構成：鍋子裝滿水、加鹽、加米、瀝乾水、盛飯。實際上，如果沒有**條件判斷**，循序執行各指令大概只要幾秒鐘的時間，不過這樣生米肯定煮不成熟飯。舉例來說，你一裝滿水，加了鹽與米，就立即瀝乾水，不等待水變熱，生米就沒有機會變軟飯了。

實際上，你需要根據不同情況做出不同的反應：你必須先「**等待**」水熱之後，再把米放入鍋中，然後「**等待**」米變軟之後，才把鍋裡的水瀝乾。在現實世界中，想預測所有可能發生的狀況，然後用這種方式來編寫程式，幾乎是不可能的事。但在實際編寫程式時，倒是可以根據有限的不同條件，做出不同的回應。

if、else、elif

if、else、elif 這幾個關鍵字（請參見列表 1-10）可以讓你根據不同的條件，執行不同的程式碼。

```
❶ x = int(input("your value: "))
❷ if x > 3:
       print("Big")
❸ elif x == 3:
       print("Medium")
❹ else:
       print("Small")
```

列表 1-10：關鍵字 if、else 、elif 的使用範例

這段程式碼首先會取得使用者的輸入，把它轉換成一個整數，然後保存到變數 x 之中❶。接著檢查該變數的值是否大於❷、等於❸或小於❹ 3 這個值。換句話說，程式碼會針對「**事先無法預測**」的真實輸入，做出不同的回應。

迴圈

為了讓程式碼能夠重複執行，Python 會使用到兩種迴圈：for 迴圈與 while 迴圈。只要使用這些指令，你就可以輕鬆編寫出只包含兩行程式碼的程式，讓程式碼永遠不停執行下去。如果沒有這些指令，就很難進行這種重複的動作（其實還有一種叫做「遞迴」的做法）。

在列表 1-11 中，你可以看到兩種迴圈各自運作的情況。

```
# for 迴圈宣告
for i in [0, 1, 2]:
   print(i)

'''
0
1
2
'''
```

```
# while 迴圈——相同的語義
j = 0
while j < 3:
    print(j)
    j = j + 1

'''
0
1
2
'''
```

列表 1-11：關鍵字 for 與 while 的使用範例

這兩個迴圈都會在 shell 中輸出 0、1、2 這幾個整數，不過完成任務的方式略有不同。

for 迴圈宣告了一個迴圈變數 i，它會以迭代的方式取出列表 [0, 1, 2] 其中的每一個值。它會一直持續執行，直到用完每一個值為止。

至於 while 迴圈的做法，只要滿足特定條件（以我們的例子來說，只要 j<3）就會執行迴圈內的程式。

如果想要終止迴圈，有兩種基本的做法：定義一個最終值為 False 的迴圈條件，或是在迴圈內程式碼的某個確切位置，使用 break 這個關鍵字。列表 1-12 顯示的就是後面這種做法的範例。

```
while True:
    break # 不是無限迴圈

print("hello world")
# hello world
```

列表 1-12：關鍵字 break 的使用範例

這裡建立了一個判斷條件永遠為 True 的 while 迴圈。乍看之下，它好像會永遠不停執行下去。這種無限的 while 迴圈其實是很常見的做法，例如在開發 Web 伺服器時，就需要不斷重複以下的程序：等待一個新的 Web 請求，然後處理該請求。不過在某些情況下，你還是有可能想要終止迴圈。以 Web 伺服器的範例來說，當伺服器偵測到攻擊時，你就會基於安全的理由，停止提供檔案服務。在這樣的情況下，你可以使用 `break` 這個關鍵字來停止迴圈，然後立即執行隨後的程式碼。在列表 1-12 中，程式碼在迴圈內被中斷之後，就會執行後面的 `print("hello world")`。

我們也可以強制 Python 解譯器跳過迴圈內的某段程式，而不至於過早結束迴圈的執行。舉例來說，你可能只是想跳過惡意的 Web 請求，而不打算讓伺服器完全停擺。這時你就可以使用 `continue` 語句來滿足這個需求；這個語句代表此回合所進行的迭代動作已完成，接著它會讓執行流程回頭重新判斷迴圈條件（請參見列表 1-13）。

```
while True:
  continue
  print("43") # 不會執行到這行程式碼
```

列表 1-13：關鍵字 continue 的使用範例

上面這段程式碼會永遠執行下去，但 `print` 語句一次都不會被執行。因為 `continue` 語句代表這回合的迭代已完成，然後就會回頭重新開始，因此永遠不會執行到後面的 `print` 語句。永遠不會執行的**程式碼**就是所謂的**死程式碼**（*dead code*）。因此，`continue` 語句（以及 `break` 語句）經常會搭配 if-else 與特定的條件一起使用。

函式

函式（*function*）可協助你輕鬆重複使用程式碼：只要寫一次，就可以反覆使用。你可以用 `def` 關鍵字來定義函式，搭配函式名稱與一組參數，其中這些參數將會影響函式內程式碼的執行結果。只要使用兩組不同的參數來調用函式，結果就會有大大的不同。舉例來說，你可以定義一個 `square(x)` 函式，根據輸入參數 x 送回相應的平方數。調

用 `square(10)` 可得到 *10×10 = 100*，而調用 `square(100)` 則會得出 *100×100 = 10,000* 的結果。

`return` 這個關鍵字會終止函式，並且把執行流程回傳給當初調用函式的調用者。你也可以在 `return` 這個關鍵字的後面，提供一個可有可無的返回值，以做為函式的執行結果（請參見列表 1-14）。

```
def appreciate(x, percentage):
   return x + x * percentage / 100


print(appreciate(10000, 5))
# 10500.0
```

列表 1-14：關鍵字 return 的使用範例

這裡建立了一個函式 `appreciate()`，只要給定投資金額與報酬率，就可以計算出增值後的金額。在這段程式碼中，你計算的是報酬率為 5% 時，$10,000 的投資金額在一年後會增值為多少。結果是 $10,500。這裡使用 `return` 關鍵字來指定該函式的結果，其值應該就是原始投資金額與投資獲利的加總之和。`appreciate()` 函式最後會送回一個型別為浮點數（float）的值。

lambda 匿名函式

只要使用 `lambda` 關鍵字，就可以在 Python 中定義 lambda 函式。*lambda 函式*就是沒有在名稱空間進行定義的匿名函式。粗略來說，它就是沒有名稱的函式，僅供單次使用。其語法如下：

```
lambda < 參數 > : < return 表達式 >
```

lambda 函式可具有一個或多個參數，只要以逗號分開即可。在冒號（:）後面，可以定義 return 表達式，它或許會（也有可能不會）用到前面所定義的參數。return 表達式可以是任何表達式，甚至可以是另一個函式。

lambda 函式在 Python 扮演了一個很重要的角色。你應該會經常看到它，尤其是在一些實際的程式碼專案中；有時只是為了讓程式碼更短、更簡潔，有時則是為了針對不同 Python 函式（例如 `map()` 或 `reduce()`）建立所需的參數。請考慮一下列表 1-15 的程式碼。

```
print((lambda x: x + 3)(3))
# 6
```

列表 1-15：關鍵字 `lambda` 的使用範例

這段程式碼首先建立一個 lambda 函式，取得 `x` 的值之後，就送回 `x + 3` 這個表達式的結果。其結果是一個函式物件，可以像任何其他函式一樣被調用。根據其語義，你知道此函式就是一個**增量函式**（*incrementor function*）。如果用參數 `x = 3`（列表 1-15 其中 print 語句裡的後綴 `(3)`）調用此增量函數，結果就是整數 `6`。本書會大量使用到 lambda 函式，所以請務必確認你對它有正確的理解（不過你隨後還有很多機會，提高對 lambda 函式的直觀理解）。

小結

本章為你提供了一個簡要的 Python 速成複習課程，讓你複習一下基本的 Python 知識。我們在此探討了最重要的 Python 資料結構，以及如何在程式碼範例中加以運用。你也學到如何透過 if-elif-else 語句和 `while`、`for` 迴圈，來控制程式的執行流程。本章回顧了 Python 的基本資料型別（布林值、整數、浮點數、字串），也看過一些最常用的預設操作與函式。實際上，大多數程式碼與重要的演算法都會採用功能更強大的容器型別（例如 list 列表、stack 堆疊、set 集合與 dict 字典）。研究過我們所給的範例之後，你應該也學會如何添加、刪除、插入、重新排序元素。你還學到了所謂的成員檢查運算符號，以及解析式列

表：這是一種可以用 Python 程式碼建立列表、特別高效率且強大的預設做法。最後，你學到函式及定義函式的方法（包括匿名的 lambda 函式）。現在你已經準備好，可以開始研究最基本的 10 種 Python 一行程式碼了。

2

Python 小技巧

用解析式列表找出收入最高的人

用解析式列表找出資訊價值比較高的單詞

讀取檔案

善用 lambda 和 map 函式

用切取片段的做法，比對出相符子字串與前後文

解析式列表結合切取片段的做法

用切取片段賦值的方式，修正損壞的列表

用列表串接的做法，分析心臟健康資料

用生成器表達式找出薪水低於最低薪資的公司

用 zip() 函式來轉換資料的格式

就我們的目的而言，所謂的「小技巧」，指的就是以出奇快速或簡便的方式完成任務的方法。在本書中，你會學到各式各樣不同的技術與技巧，不但能讓你的程式碼更簡潔，同時還能提高實作的速度。雖然本書其他技術性章節也會向你展示各種 Python 技巧，但本章主要著眼於一些垂手可得的技巧：這些技巧對於你的程式設計生產力有很大的影響，但運用起來既快速又輕鬆。

本章還可做為後續更進階內容的墊腳石。你必須先瞭解本章一行程式碼所介紹的技巧，才能瞭解隨後的內容。具體來說，我們會介紹一系列基本的 Python 函式，協助你寫出更有效率的程式碼，其中包括解析式列表、檔案存取、`map()` 函式，`lambda` 函式，`reduce()` 函式，切取片段、切取片段賦值、生成器，以及 `zip()` 函式。

如果你已經是高階程式設計師，可以先簡單瀏覽一下本章，再自行判斷哪些部分需要深入研究、哪些部分已有深入的瞭解。

用解析式列表找出收入最高的人

我們會在本節學到一種漂亮、強大且高效的 Python 功能，可用來建立 list 列表：解析式列表（list comprehension）。在隨後許多一行程式碼中，都會使用到解析式列表。

基礎

假設你在一家大公司的人力資源部工作，需要找出年薪至少為 100,000 美元以上的所有員工。你的輸出是一個由 tuple 元組所構成的列表，每個 tuple 元組都包含兩個值：員工的姓名與年薪。以下就是你所開發的程式碼：

```
employees = {'Alice' : 100000,
             'Bob' : 99817,
             'Carol' : 122908,
             'Frank' : 88123,
```

```
            'Eve' : 93121}


top_earners = []
for key, val in employees.items():
    if val >= 100000:
        top_earners.append((key,val))

print(top_earners)
# [('Alice', 100000), ('Carol', 122908)]
```

雖然這段程式碼是正確的，不過還有另一種更容易、更簡潔（因此更具可讀性）的方法，可實現相同的效果。在所有條件全都相同的情況下，**行數比較少**的解決方案往往可以讓讀者更快掌握程式碼的含義。

Python 提供了一種建立新列表的強大方法：**解析式列表**。簡單的公式如下：

```
[ 表達式 + 條件式 ]
```

前後括起來的方括號，代表其結果是一個全新的 list 列表。**條件式**（*context*）定義的是我們要選取哪些列表元素。**表達式**（*expression*）定義的是，在把結果添加到列表之前，先對每個列表元素進行什麼樣的調整。這裡有個範例：

```
[x * 2 for x in range(3)]
```

程式碼中粗體的部分 **`for x in range(3)`** 就是條件式，前面的 `x * 2` 則是表達式。大體上來說，這個表達式會把條件式所生成的值 0、1、2 加倍。因此，這個解析式列表會創建出以下的 list 列表：

```
[0, 2, 4]
```

表達式與條件式都有可能是很複雜的內容。表達式可以是條件式所定義的任何變數相應的函式，而且可執行任何計算，甚至可以調用外部函式。表達式的目標就是，在把每個列表元素添加到新列表之前，先對它進行一些修改與調整。

條件式可包含一個或多個變數，這些變數是用一個或多個巢狀的 for 迴圈來定義的。你也可以用 if 語句來對條件式作出限制。在使用 if 的情況下，唯有當使用者所定義的條件成立時，才會把新值添加到列表之中。

解析式列表最好是用範例來進行說明。各位只要仔細研究以下範例，就可以對解析式列表有更多的瞭解：

```
print([❶x ❷for x in range(5)])
# [0, 1, 2, 3, 4]
```

表達式 ❶：本體函式（不修改條件式裡的變數 x）。

條件式 ❷：條件式裡的變數 x 接受 range 函式送回來的所有值：0、1、2、3、4。

```
print([❶(x, y) ❷for x in range(3) for y in range(3)])
# [(0, 0), (0, 1), (0, 2), (1, 0), (1, 1), (1, 2), (2, 0), (2, 1), (2, 2)]
```

表達式 ❶：根據條件式裡的變數 x 與 y，建立一個新的 tuple 元組。

條件式 ❷：條件式裡的變數 x 會遍歷 range 函式送回來的所有值（0, 1, 2），而條件式裡的變數 y 也會遍歷 range 函式送回來的所有值（0, 1, 2）。兩個 for 迴圈是巢狀的，因此條件式裡的變數 y 會針對條件式裡變數 x 的每一個值，重複其迭代程序。因此，條件式裡的變數會有 $3 \times 3 = 9$ 種組合。

```
print([❶x ** 2 ❷for x in range(10) if x % 2 > 0])
# [1, 9, 25, 49, 81]
```

表達式 ❶：條件式裡變數 x 的平方函式。

條件式 ❷：條件式裡的變數 x 會遍歷 range 函式送回來的所有值 0, 1, 2, 3, 4, 5, 6, 7, 8, 9，不過唯有當數值為奇數時，也就是 x % 2 > 0 時才會取用其值。

```
print([❶x.lower() ❷for x in ['I', 'AM', 'NOT', 'SHOUTING']])
# ['i', 'am', 'not', 'shouting']
```

表達式 ❶：條件式裡變數 x 的字串小寫函式。

條件式 ❷：條件式裡的變數 x 會遍歷列表中所有的字串值：'I', 'AM', 'NOT', 'SHOUTING'。

現在，你應該已經有能力理解隨後的程式碼了。

程式碼

我們再來考慮一下前面提到的員工薪水問題：給定一個包含字串鍵與整數值的 dict 字典之後，建立一個新的（鍵，值）元組列表，其中鍵所對應的值全都大於等於 100,000。列表 2-1 顯示的就是相應程式碼。

```
## 資料
employees = {'Alice' : 100000,
             'Bob' : 99817,
             'Carol' : 122908,
             'Frank' : 88123,
             'Eve' : 93121}


## 一行程式碼
top_earners = [(k, v) for k, v in employees.items() if v >= 100000]


## 結果
print(top_earners)
```

列表 2-1：建立解析式列表的一行程式碼

這段程式碼的輸出是什麼？

原理說明

我們來研究一下這一行程式碼：

```
top_earners = [ ❶(k, v) ❷for k, v in employees.items() if v >= 100000]
```

表達式 ❶：針對條件式裡的變數 k 和 v，建立一個簡單的（鍵，值）tuple 元組。

條件式 ❷：字典方法 dict.items() 可確保條件式裡的變數 k 會遍歷字典中的所有鍵，而變數 v 則會遍歷變數 k 所對應的值，不過前提是條件式裡變數 v 的值大於等於 100,000（用 if 條件來確保滿足該條件）。

一行程式碼的結果如下：

```
print(top_earners)
# [('Alice', 100000), ('Carol', 122908)]
```

這簡單的一行程式碼引入了「解析式列表」這個重要的概念。本書有許多實例都會用到解析式列表，因此在繼續往下閱讀之前，請務必先確認你已經理解本節的範例。

用解析式列表找出資訊價值比較高的單詞

這裡的一行程式碼可讓你更深入感受到解析式列表強大的功能。

基礎

搜尋引擎會根據整篇文字與使用者所查詢文字的相關性，對各篇文字訊息進行排名（rank）。為了達到此目的，搜尋引擎會先分析各篇可被搜尋的文字內容。所有的文字都是由單詞所組成。針對一大篇文字所包含的內容，其中有些單詞可提供大量的資訊，有些單詞則沒有這樣的作用。像 *white*（白色）、*whale*（鯨魚）、*Captain*（船長）、*Ahab*（亞哈）這幾個單詞，都屬於前者的範例（這樣你能否猜出這些文字取自何處？）。後者的範例則是像 *is*、*to*、*as*、*the*、*a*、*how* 這類的單詞，因為大多數文章都會出現這些單詞。在實作搜尋引擎時，先篩選掉一些意義不大的單詞，是很常見的實務做法。其中一種簡單的試探性做法，就是先篩選掉所有只包含三個字元以下的單詞。

程式碼

我們的目標是解決以下問題：針對所給定的多行字串，建立一個由列表所組成的列表 —— 每一行文字對應一個列表，裡頭則是該行文字內具有三個字元以上的所有單詞。列表 2-2 提供了資料，以及解決的做法。

```
## 資料
text = '''
Call me Ishmael. Some years ago - never mind how long precisely - having
little or no money in my purse, and nothing particular to interest me
on shore, I thought I would sail about a little and see the watery part
of the world. It is a way I have of driving off the spleen, and regulating
the circulation. - Moby Dick'''


## 一行程式碼
w = [[x for x in line.split() if len(x)>3] for line in text.split('\n')]


## 結果
print(w)
```

列表 2-2：這一行程式碼可找出資訊價值比較高的單詞

這段程式碼會輸出什麼樣的結果呢？

原理說明

這裡的一行程式碼使用了兩個巢狀的解析式列表，最後建立了一個由列表所構成的列表：

- 內部的解析式列表 `[x for x in line.split() if len(x) > 3]` 會用字串的 `split()` 函式，把整行文字切分成一堆單詞。我們會遍歷所有的單詞 `x`，如果其字元數量超過三個，就把它添加到列表中。
- 外部的解析式列表則會把文字切成一行一行，再提供給內部語句使用。它一樣是運用 `split()` 函式，不過是用換行符號 `'\n'` 切分文字。

當然，你得先習慣解析式列表的思維，否則這對你來說，或許並不會有那種自然而然的感覺。不過讀完本書之後，解析式列表就會成為你吃飯的傢伙，很快你就能用這樣的思維模式，輕易讀懂並寫出這類具有 Python 風格的程式碼。

讀取檔案

在本節，你會先讀取一個檔案，然後把結果保存到一個由字串所構成的列表中（一行一個字串）。而且你還會移除掉每一行開頭與結尾的空白。

基礎

用 Python 讀取檔案非常簡單，不過通常需要好幾行程式碼（而且往往需要用 Google 搜尋一兩次查看怎麼做）。下面就是 Python 讀取檔案的一種標準做法：

```
filename = "readFileDefault.py" # 其內容就是這段程式碼

f = open(filename)
lines = []
for line in f:
    lines.append(line.strip())

print(lines)
"""
['filename = "readFileDefault.py" # 其內容就是這段程式碼' ,
'',
'f = open(filename)',
'lines = []',
'for line in f:',
'lines.append(line.strip())',
'',
'print(lines)']
"""
```

這段程式碼有個假設，就是你已經先把程式碼保存在一個名為 *readFileDefault.py* 的檔案之中。然後程式碼會開啟這個檔案，並建立一個叫做 `lines` 的空列表，再利用 `for` 迴圈裡的 `append()`，把檔案裡每一行的字串，填入到 lines 這個列表之中。而且這裡還會用 `strip()` 這個字串方法，移除掉開頭與結尾的空白字元（否則換行符號 `'\n'` 就會出現在字串中）。

如果想存取電腦中的檔案，你就必須知道開啟與關閉檔案的做法。檔案必須先開啟，才能存取其中的資料。檔案關閉之後，才能確定資料已寫入檔案之中。因為 Python 會建立一個緩衝區，整個緩衝區寫入檔案之前，有可能會先等待一段時間（圖 2-1）。這麼做的原因其實很簡單：檔案的存取速度是很慢的。基於效率方面的考量，Python 會盡量避免「針對每一位元獨立進行寫入」的做法。相反的，它會一直等待，直到緩衝區的位元組已滿，才會立刻把整個緩衝區的內容保存到檔案之中。

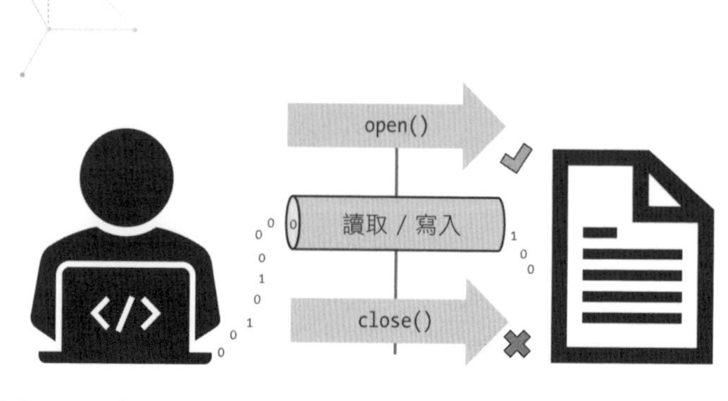

圖 2-1：Python 開啟與關閉檔案的做法

這也就是為什麼，最好的做法還是在讀取檔案之後，用 `f.close()` 指令關閉檔案，因為這樣才能確保所有資料正確寫入檔案，而不會駐留在臨時記憶體之中。不過還是有少數的例外情況，Python 會自動關閉檔案：其中一種例外的情況就是引用數量（reference count）降至零，如以下程式碼所示。

程式碼

我們的目標是開啟一個檔案，讀取其中每一行，去除掉開頭與結尾的空白字元，然後把結果保存到列表中。列表 2-3 就是相應的一行程式碼。

```
print([line.strip() for line in open("readFile.py")])
```

列表 2-3：一行程式碼逐行讀取檔案

在繼續往下閱讀之前，請先猜一下這段程式碼的輸出。

原理說明

你可以用 `print()` 把結果輸出到 shell 介面中。這裡的列表是用解析式列表建立起來的（參見第 26 頁的「用解析式列表找出收入最高的人」）。在解析式列表的**表達式**部分，你用了字串物件的 `strip()` 方法。

解析式列表的**條件式**部分，則遍歷了檔案的每一行。

一行程式碼的輸出，就是一行程式碼本身（因為它讀取的是 *readFile.py* 這個 Python 程式碼檔案），程式碼字串被讀取之後，就會被送進列表之中：

```
print([line.strip() for line in open("readFile.py")])
# ['print([line.strip() for line in open("readFile.py")])']
```

從本節的示範可以看到，更短更簡潔的程式碼不但更具有可讀性，而且一點也不會影響其效率。

善用 lambda 和 map 函式

本節會介紹兩個重要的 Python 功能：`lambda` 與 `map` 函式。這兩個函式都是 Python 工具箱裡很有價值的工具。你可以用這些函式來搜尋一個字串列表，看看其中有沒有出現某個字串。

基礎

在第 1 章，你已學會如何使用 `def x` 來定義新函式，以及如何定義函式的內容。不過，這並不是 Python 定義函式的唯一方法。你也可以用 *lambda* **函式**，定義一個**可送回特定值**的簡單函式（送回來的值可以是任何物件，包括 tuple 元組、list 列表與 set 集合）。換句話說，每個 lambda 函式都會把某個物件值送回去給當初調用它的地方。請注意，這實際上是 lambda 函式本身的限制，因為與標準函式不同的是，lambda 函式不只會執行程式碼，而且「**一定會**」把某個物件值送回當初調用它的地方。

NOTE 我們已經在第 1 章介紹過 lambda 函式，但由於它是本書一直會用到的重要概念，所以本節還是會進行更深入的探討。

`lambda` 函式可以讓你用 `lambda` 這個關鍵字，在一行程式碼中定義新函式。如果你要快速建立一個只使用一次、隨後馬上進行垃圾回收的函式，這樣的做法就特別好用。我們先來研究一下 lambda 函式確切的語法：

```
lambda 參數 : return 表達式
```

你可以用 lambda 這個關鍵字做為開頭來定義函式，後面再跟著一串參數。調用此函式時，調用者必須提供這些參數的值。冒號（:）的後面則是一個 *return 表達式*，它會根據 lambda 函式的參數，計算出所要送回去的值。return 表達式可以是任何的 Python 表達式，負責計算出函式的輸出結果。下面就是定義 lambda 函式的一個例子：

```
lambda x, y: x + y
```

這個 lambda 函式有兩個參數 x 與 y。送回來的值就是兩個參數之和 x + y。

如果函式只會被調用一次，通常就可以使用 lambda 函式，而且只要在一行程式碼中就可以輕鬆進行定義。有個常見的例子，就是把 lambda 與 map 函式搭配起來一起使用；map() 函式會把函式物件 f 與序列 s 當成它的輸入參數。然後 map() 函式就會把函式 f 套用到序列 s 其中的每個元素。當然，你也可以另外定義一個具有函式名稱的一般函式，然後用這個函式名稱來做為參數 f 的值。不過這通常不是很方便的做法，而且還會降低可讀性，因此這類情況（尤其是函式比較短而且只需要用到一次的情況）通常最好還是採用 lambda 函式。

在介紹本節的一行程式碼之前，我想先快速介紹另一個可以讓你生活更輕鬆的 Python 小技巧：你可以用 y in x 這個表達式，檢查 y 這個子字串有沒有包含在字串 x 之中。如果字串 y 至少在字串 x 中出現過一次，這個語句就會送回 True。舉例來說，'42' in 'The answer is 42' 這個表達式的計算結果就是 True，而 '21' in 'The answer is 42' 這個表達式的計算結果則為 False。

現在就來看一下我們的一行程式碼。

程式碼

只要給定一個字串列表，我們下面的一行程式碼（列表 2-4）就會創建出一個由 tuple 元組所構成的新列表，其中每個 tuple 元組都包含一個布林值和原始字串。布林值代表的是「`anonymous`」這個字串是否出現在原始字串中的判斷結果！我們把所得到的列表稱為 `mark`（標記），因為原列表中的字串如果包含「`anonymous`」這個字串，就會被布林值「標記」出來。

```
## 資料
txt = ['lambda functions are anonymous functions.',
       'anonymous functions dont have a name.',
       'functions are objects in Python.']


## 一行程式碼
mark = map(lambda s: (True, s) if 'anonymous' in s else (False, s), txt)


## 結果
print(list(mark))
```

列表 2-4：本節的一行程式碼可以把內有「`anonymous`」的字串「標記」出來

這段程式碼會輸出什麼樣的結果呢？

原理說明

`map()` 函式會把原本 `txt` 列表中的每個字串配上一個布林值。如果字串裡包含 *anonymous* 這個單詞，布林值就是 `True`。第一個參數是 lambda 匿名函式，第二個參數則是你所要檢查的字串列表。

你的 `lambda` 函式用 `(True, s) if 'anonymous' in s else (False, s)` 做為 return 表達式，用來搜尋「`anonymous`」字串。`s` 則是 `lambda` 函式的輸入參數，在這個範例中就是一個字串。如果所要查詢的字串

「anonymous」確實存在於字串 s 中，return 表達式就會送回 (True, s) 這個 tuple 元組。否則的話，就會送回 (False, s) 這個 tuple 元組。

一行程式碼的結果如下：

```
## 結果
print(list(mark))
# [(True, 'lambda functions are anonymous functions.'),
# (True, 'anonymous functions dont have a name.'),
# (False, 'functions are objects in Python.')]
```

從布林值就可以看出，列表中只有前兩個字串包含「anonymous」這個子字串。

你很快就會發現，lambda 在後續的一行程式碼中非常好用。而我們的目的還是一樣的 —— 正確理解工作實務中所遇到的每一行 Python 程式碼。

練習 2-1

請用解析式列表取代 map() 函式，完成相同的輸出。（本章結尾就可以找到解答。）

用切取片段的做法，比對出相符子字串與前後文

本節打算教你「**切取片段**（*slicing*）」這個重要的基本概念。從原本的完整序列「**切取出**」其中某段子序列，然後以這種方式進行簡單的文字查詢。我們會在一段文字內搜尋某個特定字串，然後把該字串連同前後的文字一併提取出來，這樣我們就可以看到查詢文字前後的情況了。

基礎

許多（包括基礎與進階的）Python 概念與技巧，只要遇到列表、元組、字串這類的 Python 預設資料結構，一定都會用到切取片段的做法。切取片段的做法同時也是許多高階的 Python 函式庫（如 NumPy、Pandas、TensorFlow、scikit-learn）重要的基礎。深入研究切取片段的做法，一定會在你身為 Python 程式設計者的職業生涯中，產生正面的連鎖反應。

切取片段的做法可切取出序列中的子序列（例如某字串其中的部分字串）。其語法十分簡單。假設你有一個變數 `x`，對應到一個字串、列表或 tuple 元組。你可以用以下的方式，切取出其中的一段子序列：

```
x[start:stop:step].
```

所得到的子序列，是從索引 `start` 開始（包含 start），一直取到索引 `stop` 為止（不包含 stop）。你也可以設定可有可無的第三個參數 `step`，調整所要取出的元素間隔，如此一來你就可以每隔 `step` 個元素取一次資料。舉例來說，如果針對 `x='hello world'` 進行切取片段的操作 `x[1:4:1]`，就會得到 `'ell'` 的結果。如果對同一變數進行不同的切取片段操作 `x[1:4:2]`，則會得到 `'el'` 的結果，因為每 2 個元素只會取其中一個。還記得嗎？第 1 章曾說過，在 Python 中所有的序列型別（例如字串與列表），其第一個元素的索引值都是 0。

如果沒有設定 `step` 參數，Python 就會假設 step 預設為 1。舉例來說，`x[1:4]` 同樣會得到 `'ell'` 的結果。

如果沒有設定 start 或 stop 參數，Python 就會假設你要從頭開始，或是取到結束為止。舉例來說，`x[:4]` 就會得到 `'hell'` 的結果，而 `x[4:]` 則會得到 `'o world'` 的結果。

請研究以下的範例，進一步提高你對切取片段做法的直觀理解。

```
s = 'Eat more fruits!'

print(s[0:3])
# Eat

❶ print(s[3:0])
# (empty string '')

print(s[:5])
# Eat m

print(s[5:])
# ore fruits!

❷ print(s[:100])
# Eat more fruits!

print(s[4:8:2])
# mr

❸ print(s[::3])
# E rfi!

❹ print(s[::-1])
# !stiurf erom taE

print(s[6:1:-1])
# rom t
```

Python 切取片段的基本模式就是 `[start:stop:step]`，而我們只要透過各種變形的用法，就可以看出其中許多有趣的特性：

- 如果 `start` >= `stop`，切取出來的結果就是空的 ❶。
- 如果 `stop` 參數大於序列的長度，Python 就只會切取到最右邊的元素為止 ❷。
- 如果 `step` 為正，預設的 start 就是最左邊的元素，預設的 stop 則是最右邊的元素（最右邊的元素也包括在內）❸。

- 如果 `step` 為負（`step < 0`），切取片段時就會以相反的順序遍歷序列。如果沒有設定 start 與 stop 參數，就會從最右邊的元素（包括在內）取到最左邊的元素（包括在內）❹。請注意，如果有設定 stop 參數，相應位置則不會被包含在內。

接下來，我們就可以運用切取片段的做法，並搭配 `string.find(value)` 方法，在給定的字串中找出某字串相應的索引值。

程式碼

我們的目標就是從多行字串中，找出特定的查詢文字。我們會從一大段文字內找出所要查詢的文字，以及前後的其他文字（前後最多各取 18 個字元）。取出查詢文字前後的其他文字，是一種很有用的做法，就像 Google 列出搜尋結果時，也會把搜尋關鍵字前後的文字一併顯示出來。在列表 2-5 中，我們針對 Amazon 給股東的一封信，尋找 `'SQL'` 這個字串，並且連同 `'SQL'` 這個字串前後最多 18 個字元也一併取出。

```
## 資料
letters_amazon = '''
We spent several years building our own database engine,
Amazon Aurora, a fully-managed MySQL and PostgreSQL-compatible
service with the same or better durability and availability as
the commercial engines, but at one-tenth of the cost. We were
not surprised when this worked.
'''

## 一行程式碼
find = lambda x, q: x[x.find(q)-18:x.find(q)+18] if q in x else -1


## 結果
print(find(letters_amazon, 'SQL'))
```

列表 2-5：這一行程式碼會在一大段文字內找出某字串，以及前後的其他文字

各位不妨猜一下這段程式碼會輸出什麼樣的結果。

原理說明

我們可以用兩個參數來定義 lambda 函式：一個是字串值 x，另一個則是我們想在字串 x 中搜尋的查詢文字 q。這裡會先把 lambda 函式指定給 find 這個名稱。find(x, q) 這個函式會在 x 這個字串中找出查詢字串 q。

如果查詢字串 q 並沒有出現在字串 x 中，就會直接送回 -1 的結果。如果有找到的話，則可以進一步對文字字串進行切取片段的操作，針對查詢文字第一次出現的位置，分別往左往右各取 18 個字元，以做為查詢的結果。這裡是用字串函式 x.find(q) 來找出 q 在 x 裡第一次出現的相應索引值。這個函式在這裡被調用了兩次，分別用來判斷 start 索引與 stop 索引，不過函式兩次調用都送回相同的值，因為函式的參數 q 和 x 都沒有改變。雖然這段程式碼可以正常運作，但這種多餘的函式調用只會導致沒必要的運算，其實只要利用一個輔助變數，暫時保存函式第一次調用的結果，就可以輕鬆解決此缺點。隨後只要存取輔助變數的值，就可以重複使用函式第一次調用時所得到的結果。

此處的討論讓我們注意到，這裡必須做出一個重要的取捨：如果限制只能用一行程式碼，就無法定義輔助變數來保存查詢字串第一次出現的相應索引值，以供別處重複使用。在這種不得已的情況下，你只好讓同一個函式 find 執行兩次，一次用來計算 start 索引（把結果減去 18），另一次用來計算 stop 索引（把結果加上 18）。到了第 5 章，你就會學到另一種更有效的做法（使用正則表達式），可用來搜尋字串中的特定模式，以解決這方面的問題。

我們在 Amazon 給股東的信中搜尋 'SQL' 這個查詢字串，結果找出了這個字串在整段文字中出現時前後文字的情況：

```
## 結果
print(find(letters_amazon, 'SQL'))
# a fully-managed MySQL and PostgreSQL
```

結果確實找到了相應的查詢字串，還有圍繞在前後的其他幾個單詞（也就是查詢字串的前後文）。切取片段的做法可說是 Python 基礎教育的關鍵要素。接著我們再用另一段一行程式碼，進一步加深你的理解。

解析式列表結合切取片段的做法

本節會結合解析式列表與切取片段的做法，對二維資料集進行採樣。我們的目標是從數量過多的樣本中，創建出一組數量比較少但具有代表性的資料樣本。

基礎

假設你是一家大型銀行的財務分析師，正在為股價預測訓練一種新的機器學習模型。你手邊已經有一組實際股價的訓練資料。不過這組資料集非常龐大，如果要用你的電腦完成模型的訓練，恐怕不知道要訓練到哪一天。舉個例子來說，機器學習領域經常需要測試模型在不同參數組合下相應的預測準確度。假設在我們的應用中，必須等待好幾個小時才能完成訓練（用大規模資料集來訓練高度複雜的模型，確實經常需要花費好幾小時的時間）。為了加快速度，採用間隔取樣的方式排除掉部分的股價資料，應該就可以讓資料集的數量降為一半。可以預期的是，這樣的修改應該不會大幅降低模型的準確度。

本節會用到之前介紹過的兩種 Python 功能：解析式列表與切取片段的做法。解析式列表可以讓你遍歷每個列表元素，並在隨後對其進行修改。切取片段的做法則可以讓你在給定的列表中，快速選出其中部分的元素，而且可以很自然地進行簡單的篩選操作。我們就來詳細看看如何結合這兩種功能。

程式碼

我們的目標是根據原始資料（一個由列表所構成的列表，其中每個列表有六個浮點數），重新建立一組新的訓練資料樣本 —— 實際上是以間隔取樣的方式，對原始資料集內的浮點數進行重新取樣。請看一下列表 2-6。

```
## 資料（每日股價 ($))
price = [[9.9, 9.8, 9.8, 9.4, 9.5, 9.7],
         [9.5, 9.4, 9.4, 9.3, 9.2, 9.1],
         [8.4, 7.9, 7.9, 8.1, 8.0, 8.0],
         [7.1, 5.9, 4.8, 4.8, 4.7, 3.9]]


## 一行程式碼
sample = [line[::2] for line in price]


## 結果
print(sample)
```

列表 2-6：用一行程式碼解決資料取樣的問題

照慣例，請先看看你能否猜出程式碼輸出的結果。

原理說明

我們的解決方式可分成兩個步驟。首先是用解析式列表來遍歷原始列表 price 其中的每一行。接著再針對每一行，用切取片段的方式創建出新的浮點數列表；這裡的 line[start:stop:step] 會採用預設的 start 與 stop 參數，step 則設為 2。在新的浮點數列表中，每行只會有三個（而不是六個）浮點數，進而構建出以下的陣列：

```
## 結果
print(sample)
# [[9.9, 9.8, 9.5], [9.5, 9.4, 9.2], [8.4, 7.9, 8.0], [7.1, 4.8, 4.7]]
```

這一行程式碼使用的是預設的 Python 功能，應該不算很複雜才對。不過到了第 3 章，我們還會再利用一個專門用來進行資料科學計算的 NumPy 函式庫，寫出更精簡的版本。

> **練習 2-2**
>
> 等你看過第 3 章的內容，並使用 NumPy 函式庫寫出更簡潔的一行程式碼之後，請再回頭看一下這裡的一行程式碼。提示：NumPy 在切取片段方面具有更強大的能力。

用切取片段賦值的方式，修正損壞的列表

本節將向你展示切取片段的另一種強大用法：切取片段賦值（slice assignment）。「切取片段賦值」的做法，其實就是在賦值操作（assignment operation）等號左側運用切取片段的做法，藉此修改原始序列中某部分子序列的值。

基礎

想像一下，你在一家小型的網路新創公司工作，這家公司可追蹤使用者所使用的的網路瀏覽器（Google Chrome、Firefox、Safari）。你們把資料全都保存在資料庫中。如果要分析資料，可以先把收集到的瀏覽器資料載入到一個很大的字串列表，但由於追踪演算法本身的問題，每間隔一筆資料就會出現一次損壞的字串，需要用正確的字串進行替換。

假設你的 Web 伺服器總是把使用者的第一個 Web 請求重定向到另一個 URL（這是網路開發實務中很常見的做法，其 HTML 代碼為 301：永久轉移）。因此你可以得到一個結論，就是在大多數情況下，第一個瀏覽器的值應該就等於第二個瀏覽器的值，因為使用者在等待 URL 重定向時，所使用的瀏覽器並不會改變。這也就表示，你只需

要輕鬆複制原始資料即可。說得更清楚一點，其實你就是想把原本 ['Firefox', 'corrupted', 'Chrome', 'corrupted'] 這樣的列表，修改成 ['Firefox', 'Firefox', 'Chrome', 'Chrome'] 這樣的列表。

既然如此，你該如何以快速有效且具可讀性的方式（最好是用一行程式碼）來實現此一目標？你的第一個構想，就是建立一個新列表，對損壞的列表進行迭代操作，然後把每個未受損的瀏覽器資訊連續兩次添加到新列表之中。不過你否決了這個構想，因為如果這樣做的話，你就必須在程式碼中維護兩個列表，問題是這兩個列表裡頭可能都有好幾百萬個項目 —— 這實在太佔空間了。而且，這種解決方式需要好幾行程式碼，如此也不利於程式碼的簡潔性與可讀性。

幸運的是，你知道 Python 有一種好用的做法：可以用切取片段賦值（slice assignment）的方式來指定其值。你可以用切取片段的方式，選取索引 i 到 j 之間的部分*資料片段*，然後改用另一串資料來指定其值（例如 lst[i:j] = [0 0 ... 0]）。由於這裡是把切取片段 lst[i:j] 的做法運用在等號的*左側*（而不像前一節是用在右側），因此我們把這個用法稱之為「*切取片段賦值*」。

用切取片段賦值的方式來指定其值，這樣的構想其實很簡單：把左側原始序列其中所選定的元素，替換成右側的元素。

程式碼

我們的目標就是把有問題的字串，替換成緊接其前面的字串（參見列表 2-7）。

```
## 資料
visitors = ['Firefox', 'corrupted', 'Chrome', 'corrupted',
            'Safari', 'corrupted', 'Safari', 'corrupted',
            'Chrome', 'corrupted', 'Firefox', 'corrupted']


## 一行程式碼
```

```
visitors[1::2] = visitors[::2]


## 結果
print(visitors)
```

列表 2-7：這一行程式碼可以替換掉所有 'corrupted'（損壞的）字串

經過這段程式碼修正過後的瀏覽器序列，會變成什麼樣子呢？

原理說明

這裡的一行程式碼會把「corrupted」（已損壞）字串，替換成同一列表中相應的前一個瀏覽器字串。你可以用切取片段賦值的做法，來處理 visitors 這個列表中每一個已損壞的元素。在下面的程式碼片段中，我用特別強調的方式呈現了等號左邊所選定的元素：

```
visitors = ['Firefox', 'corrupted', 'Chrome', 'corrupted',
            'Safari', 'corrupted', 'Safari', 'corrupted',
            'Chrome', 'corrupted', 'Firefox', 'corrupted']
```

這段程式碼會把所有這些被選定的元素，替換成等號右邊的指定值（同樣也是用切取片段的方式取值）。下面這段程式碼再次運用特別強調的方式，呈現出我們準備用來做為替換值的元素：

```
visitors = ['Firefox', 'corrupted', 'Chrome', 'corrupted',
            'Safari', 'corrupted', 'Safari', 'corrupted',
            'Chrome', 'corrupted', 'Firefox', 'corrupted']
```

前面的那些元素，全都會被替換成後面的那些元素。因此，visitors 列表替換之後的結果如下（其中特別強調顯示的是被替換的元素）：

```
## 結果
print(visitors)
'''
['Firefox', 'Firefox', 'Chrome', 'Chrome',
```

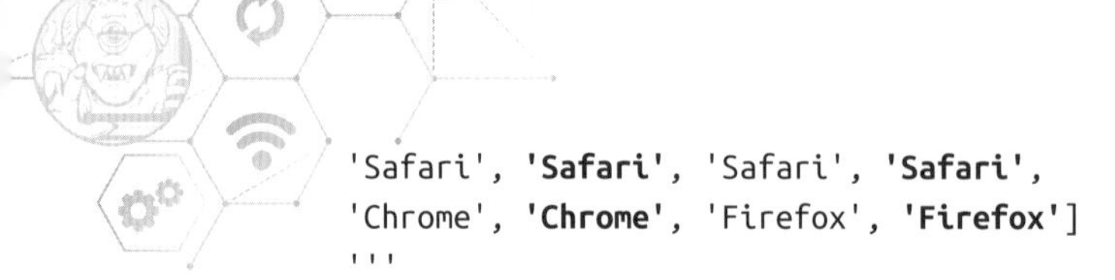

```
'Safari', 'Safari', 'Safari', 'Safari',
'Chrome', 'Chrome', 'Firefox', 'Firefox']
'''
```

最後的結果就是，原始列表中每個「corrupted」（已損壞）字串，全都被替換成相應的前一個瀏覽器字串。利用這樣的做法，你就可以算是把損壞的資料集清理完畢了。

這個問題運用切取片段賦值的做法，可說是完成此類任務最快、最有效的做法。請注意，如果針對清理後的資料，調查瀏覽器的使用比例，相應的統計數字並不會產生偏差：在包含已損壞元素的資料中，假設某瀏覽器佔有 70% 的比例，在清理過資料之後，其比例還是會維持 70% 不會改變。清理過的資料也可以用來進行進一步的分析，例如判斷 Safari 使用者是不是比較好的客戶（畢竟他們更傾向於在硬體上花費更多的錢）。不管怎麼說，如果將來你需要直接修改列表的內容，現在你也算是多學會一種更加簡單明瞭的程式寫法了。

用列表串接的做法，分析心臟健康資料

你將在本節學會如何使用列表串接（list concatenation）的技術，把一些比較小的列表，用複製與合併的方式變成比較大的列表，以生成具有循環性質的資料。

基礎

這次，你要為醫院完成一個小型的程式碼專案。你的目標就是追蹤患者的心跳週期，以監視患者的健康統計數字，並以視覺化方式予以呈現。只要畫出預期的心跳週期資料，你就可以讓患者與醫生有能力監視心跳週期是否出現偏差。舉例來說，假設給你一系列保存在列表中的測量值 [62, 60, 62, 64, 68, 77, 80, 76, 71, 66, 61, 60, 62]，你想要實現的則是如圖 2-2 所示的效果。

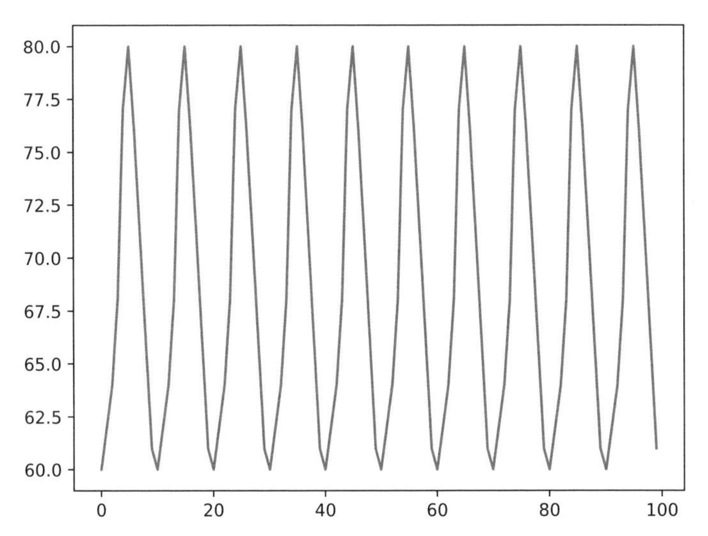

圖 2-2：只要複製測量資料其中所選定的值，就可以用視覺化方式呈現預期的心跳週期

問題是，`[62, 60, 62, 64, 68, 77, 80, 76, 71, 66, 61, 60, 62]` 這個列表其中第一個與最後兩個資料值是多餘的。如果要以複製的方式呈現週期圖形，就必須先正確取得單一心跳週期的資料。因此，我們必須先移除冗餘的資料，以確保在複製相同的心跳週期時，所得到的結果不會像圖 2-3 所示。

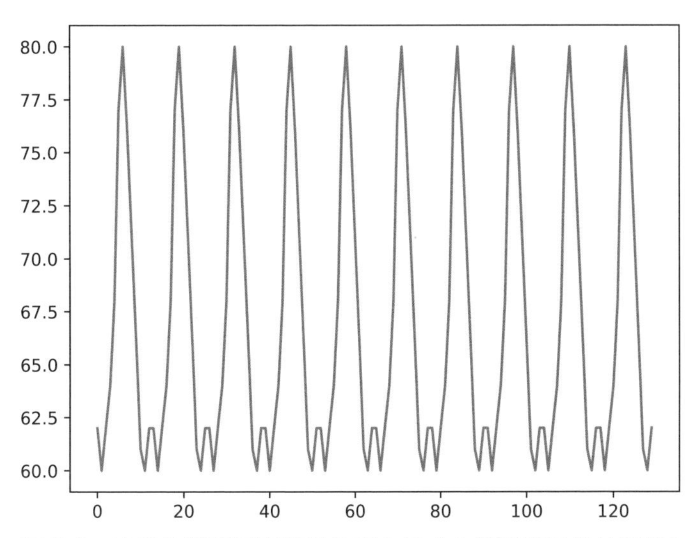

圖 2-3：直接複製測量資料裡的所有值（未篩選掉冗餘的資料），所呈現出來的心跳週期

你必須先刪除第一個與最後兩個冗餘的資料值，讓原始列表 `[62, 60, 62, 64, 68, 77, 80, 76, 71, 66, 61, 60, 62]` 變成 `[60, 62, 64, 68, 77, 80, 76, 71, 66, 61]`。

這裡會用到切取片段的做法，並結合**列表串接**（*list concatenation*）這個 Python 新功能，以**串接**（即 *join* **聯結**）方式得出一個新的列表。舉例來說，`[1, 2, 3] + [4, 5]` 這個操作會生成一個新列表 `[1, 2, 3, 4, 5]`，但原始列表並不會受到影響。你也可以搭配 `*` 運算符號一起使用，它可以把**同一個列表**反覆串接好幾次，以創建出一個更大的列表：例如 `[1, 2, 3] * 3` 這個操作，就會創建出 `[1, 2, 3, 1, 2, 3, 1, 2, 3]` 這個新列表。

此外，這裡會用 `matplotlib.pyplot` 模組來畫出心跳資料。`plot(data)` 這個 matplotlib 函式需要用一個「可迭代物件」（iterable）做為其參數 `data`，然後把它用來做為二維圖中一系列資料點相應的 `y` 值；所謂的「**可迭代物件**」，其實就是一個可進行迭代操作的物件（例如列表）。我們就來深入研究一下這個範例吧。

程式碼

這裡提供了一個能夠反映所測量心跳週期的整數列表，不過你必須先清理一下資料，從列表中刪除掉第一個與最後兩個值。其次，再把心跳週期複製到未來的時間，創建出一個包含有未來預期心率的新列表。列表 2-8 就是相應的程式碼。

```
## 依賴的模組套件
import matplotlib.pyplot as plt


## 資料
cardiac_cycle = [62, 60, 62, 64, 68, 77, 80, 76, 71, 66, 61, 60, 62]


## 一行程式碼
```

```
expected_cycles = cardiac_cycle[1:-2] * 10


## 結果
plt.plot(expected_cycles)
plt.show()
```

列表 2-8：這一行程式碼把正確的心率圖形複製了好幾次，以做為未來的預期心率圖形

接下來你就可以看到這段程式碼的結果。

原理說明

這一行程式碼包含了兩個步驟。首先，我們用切取片段的做法來清理資料，其中使用 -2 這個負的 stop 參數，代表我們在切取資料片段時會一路向右取值，直到最後跳過兩個冗餘值。其次，再用乘號 * 把資料值複製 10 次，然後再串接起來。結果就變成一個內含 10×10 = 100 個整數、由心跳週期資料串接而成的列表。最後只要把結果繪製出來，就可以得到輸出結果了（如圖 2-2 所示）。

用生成器表達式找出薪水低於最低薪資的公司

本節將結合你之前學會的一些 Python 基礎，並介紹一個很有用的函式 `any()`。

基礎

你在美國勞工局法務部門工作，想找出薪水低於最低薪資的公司，以便進一步進行調查。《公平勞動標準法》（FLSA）的官員就像一群緊跟運肉卡車的餓狗一樣，等著你提供違反最低薪資法的公司名單。你能提供他們這樣的名單嗎？

你的武器在這裡：Python 的 `any()` 函式可接受一個可迭代物件（例如列表），如果這個可迭代物件其中至少有一個元素的值為 `True`，就會送回 `True` 的結果。舉例來說，`any([True, False, False, False])` 這個表達式的計算結果為 `True`，而 `any([2<1, 3+2>5+5, 3-2<0, 0])` 這個表達式的計算結果則為 `False`。

NOTE Python 的創造者 Guido van Rossum 本人是 `any()` 這個預設函式的忠實擁護者，他甚至提議把它當成 Python 3 的預設函式。更多詳細訊息請參見他在 2005 年發表的部落格文章 "The Fate of reduce() in Python 3000"（`reduce()` 在 Python 3000 的命運），網址為 *https://www.artima.com/weblogs/viewpost.jsp?thread=98196*。

這裡有個蠻有趣的 Python 擴展用法，就是解析式列表的通用化擴展：生成器表達式（generator expression）。**生成器表達式**的運作方式與解析式列表完全相同，不過它並不會在記憶體內建立實際的列表。列表中的數值唯有在用到的時候才會被即時創建出來，而不會先以明確的方式保存在列表之中。舉例來說，你可以採用生成器表達式：`sum(x*x for x in range(20))`，而不必使用解析式列表 `sum([x*x for x in range(20)])`，就能計算出前 20 個數字的平方和。

程式碼

我們的資料是一個由 dict 字典所構成的 dict 字典，裡頭保存著公司員工的時薪。你想要提取出一份列表，列出其中至少有一名員工時薪低於最低薪資（< $9）的公司；參見列表 2-9。

```
## 資料
companies = {
    'CoolCompany' : {'Alice' : 33, 'Bob' : 28, 'Frank' : 29},
    'CheapCompany' : {'Ann' : 4, 'Lee' : 9, 'Chrisi' : 7},
    'SosoCompany' : {'Esther' : 38, 'Cole' : 8, 'Paris' : 18}}
```

```
## 一行程式碼
illegal = [x for x in companies if any(y<9 for y in companies[x].values())]


## 結果
print(illegal)
```

列表 2-9：這一行程式碼可找出薪水低於最低薪資的公司

有哪些公司需要進一步進行調查呢？

原理說明

在這一行程式碼中，用到了兩個生成器表達式。

第一個生成器表達式 `y<9 for y in companies[x].values()` 會生成 `any()` 函式的輸入。它會檢查公司裡的每個員工，看看是否有人薪水低於最低薪資（`y<9`）。所得到的結果是一個由布林值所構成的可迭代物件。這裡用 `values()` 這個字典函式，把保存在字典中的值所構成的整組資料當成結果送回來。舉例來說，`companies['CoolCompany'].values()` 這個表達式就會送回一組由公司內每個人的時薪所構成的資料 `[33, 28, 29]`。如果其中至少有一個低於最低薪資，則 `any()` 這個函式就會送回 `True`，而相應的公司名稱 `x` 就會以字串的形式被儲存到 `illegal` 這個結果列表之中，如下所述。

第二個生成器表達式就是 `[x for x in companies if any（...）]` 這個解析式列表，它會建立一個公司名稱列表，對應先前調用 `any()` 時送回 `True` 的那些公司。這些就是薪水低於最低薪資的公司。請注意，`for x in companies` 這個表達式會查看字典的每一個鍵（key）—— 也就是 `'CoolCompany'`、`'CheapCompany'` 和 `'SosoCompany'` 這幾個公司名稱。

因此，其結果如下：

```
## 結果
print(illegal)
# ['CheapCompany', 'SosoCompany']
```

三家公司其中有兩家需要進一步調查，因為這幾家公司至少有一名員工薪水太低。你可以請長官開始和 Ann、Chrisi、Cole 談一談了！

用 zip() 函式來轉換資料的格式

你將在本節學會如何使用 `zip()` 函式，把資料庫的欄位名稱套用到由許多行資料所構成的列表之中。

基礎

`zip()` 函式可針對 `iter_1`、`iter_2`、`...`、`iter_n` 這幾個可迭代物件，把相應的第 *i* 個值匯整成單一個 tuple 元組，然後再全部匯整成單一個可迭代物件。最後的結果就是一個由 tuple 元組所構成的**可迭代物件**。舉例來說，考慮以下兩個列表：

```
[1,2,3]
[4,5,6]
```

如果把它們「壓合」（zip）起來，（然後進行簡單的資料型別轉換）就可以得出一個新列表如下：

```
[(1,4), (2,5), (3,6)]
```

如果要進行「解壓」（unzip），變回原始的 tuple 元組，則需要兩個步驟。首先要移除外部的方括號，取得以下三個 tuple 元組：

```
(1,4)
(2,5)
(3,6)
```

然後再把它們壓合（zip）起來，就可以得到新列表如下：

```
[(1,2,3), (4,5,6)]
```

如此一來，便又得到兩個原始的列表了！以下這段程式碼完整顯示了這整個過程：

```
lst_1 = [1, 2, 3]
lst_2 = [4, 5, 6]

# 用 zip() 把兩個列表壓合起來
zipped = list(zip(lst_1, lst_2))
print(zipped)
# [(1, 4), (2, 5), (3, 6)]

# 解壓後再次變回原來的列表
lst_1_new, lst_2_new = zip(❶*zipped)
print(list(lst_1_new))
print(list(lst_2_new))
```

你可以用星號 * 來拆解（unpack）❶ 列表中所有的元素。這個運算符號會移除掉 `zipped` 這個列表外部的方括號，因此 `zip()` 函式的輸入包含三個可迭代物件（也就是 `(1, 4), (2, 5), (3, 6)` 這三個 tuple 元組）。如果再把這三個可迭代物件用 zip 進行壓合，元組前面的三個值 `1`、`2`、`3` 就會合成一個新的元組，而元組後面的三個值 `4`、`5`、`6` 則會合成另一個新元組。如此一來，你就會得到 `(1, 2, 3)` 和 `(4, 5, 6)` 這兩個可迭代物件，這兩個其實就是原始（未經過 zip 壓合）的資料。

現在，假設你在公司控制部門的 IT 分部工作。你使用 `'name'`（姓名）、`'salary'`（薪資）與 `'job'`（工作）這幾個欄位，來維護所有員工的資料庫。但是，你的資料格式有點問題 —— 每行資料的格式如下：('Bob'，99000，'mid-level manager')。你希望可以把欄位名稱與每一項資料相關聯起來，使其形式更具可讀性：{'name'：'Bob'，'salary'：99000，'job'：'mid-level manager'}。你該怎麼做呢？

程式碼

你的資料是由包含許多欄位的員工資料所組成，其中每一個員工的資料都是用一個 tuple 元組來表示，而所有這些元組則構成了一個列表。我們會針對每一行資料（也就是每一個元組）指定相應的欄位名稱，以創建出一個由字典所構成的列表。在每一個 dict 字典資料中，我們都會把欄位名稱指定給相應的資料值（參見列表 2-10）。

```
## 資料
column_names = ['name', 'salary', 'job']
db_rows = [('Alice', 180000, 'data scientist'),
           ('Bob', 99000, 'mid-level manager'),
           ('Frank', 87000, 'CEO')]

## 一行程式碼
db = [dict(zip(column_names, row)) for row in db_rows]


## 結果
print(db)
```

列表 2-10：這一行程式碼會把一個元組列表轉換成所需的資料庫格式

最後把 db 列印出來，會呈現出什麼樣的格式呢？

原理說明

你可以運用解析式列表的做法來建立列表（關於「表達式 + 條件式」更多的訊息，請參見第 26 頁的「用解析式列表找出收入最高的人」）。

條件式是由 db_rows 這個變數中每一行的元組所構成。zip(column_names, row) 這個表達式會把資料表結構(schema)與每一行資料進行「zip 壓合」。舉例來說，解析式列表所建立的第一個元素是 zip(['name', 'salary', 'job'], ('Alice', 180000, 'data Scientist'))，結果會得到一個 zip 物件，轉換成列表之後形式如下：[('name', 'Alice'), ('salary', 180000), ('job', 'data Scientist')]。每個元素都會呈現出 (鍵 , 值) 的形式，因此你可以使用型別轉換函式 dict() 把它轉換為 dict 字典，這樣就可以得到所需的資料庫格式了。

NOTE zip() 這個函式並不會在意其中一個輸入是 list 列表，另一個是 tuple 元組。這個函式只要求輸入必須是可迭代物件（列表與元組都是可迭代物件）。

這一行程式碼的輸出如下：

```
## 結果
print(db)
'''
[{'name': 'Alice', 'salary': 180000, 'job': 'data scientist'},
{'name': 'Bob', 'salary': 99000, 'job': 'mid-level manager'},
{'name': 'Frank', 'salary': 87000, 'job': 'CEO'}]
'''
```

現在每個資料項都與其名稱相關聯，進而構建出一個由字典所組成的列表。你已經學會如何有效運用 zip() 函式了。

小結

你已在本章掌握了解析式列表、檔案輸入、lambda、map() 與 zip() 函式、all()、any() 量詞、切取片段的做法，以及一些基本的列表運算方法。你也學會如何善用資料結構，來解決各種日常問題。

輕鬆來回轉換資料結構，這個技能對於程式設計效率會有深遠的影響。請放心，隨著你快速處理資料的能力逐漸提升，你的程式設計效率也會大大提高。本章許多小任務如果沒處理好，很有可能會對你的整體生產力造成極大的危害；而本章所介紹的小技巧，很顯然可以紓解掉那些「有如千刀萬剮般痛苦」的危害。只要善用本章所介紹的 Python 技巧、函式與各項功能，你就可以得到有效的保護，避開那千刀萬剮般的痛苦。如果用隱喻的說法，這些新獲得的工具一定可以協助你，更快從每一次刀割般的痛苦中恢復過來。

下一章我們會深入研究 NumPy 函式庫，它特別針對 Python 數值運算提供了一組新工具，可進一步提高我們在資料科學方面相關的技能。

練習 2-1 的解答

這裡就是使用解析式列表、而不是用 map() 函式來解決同一個問題的做法，它會篩選出其中包含 'anonymous' 這個字串的每一行資料。以這個例子來說，我其實比較推薦使用這個更快速、更清晰的解析式列表解法。

```
mark = [(True, s) if 'anonymous' in s else (False, s) for s in txt]
```

3

資料科學

二維陣列的基本運算

活用 **NumPy** 陣列：切取片段、撒播機制、陣列型別

用陣列的條件搜尋、篩選、撒播機制偵測出異常值

用布林索引篩選二維陣列

用撒播機制、切取片段賦值和重新調整形狀的技巧，清理陣列中每一個第 **i** 元素

何時該用 **sort()** 函式、何時該用 **argsort()** 函式

如何用 **lambda** 函式與布林索引來篩選陣列

如何運用統計、數學與邏輯，建立高級陣列篩選器

簡單的關聯性分析：購買 **X** 的人也購買了 **Y**

用中級關聯分析技巧找出暢銷產品組合

分析現實世界資料的能力，可說是 21 世紀最受歡迎的技能之一。藉著強大的硬體運算能力、各種演算法與無所不在的感測能力，資料科學家如今已能夠根據大規模的原始資料（氣象統計、金融交易、客戶行為等）創造出各種不同的意義。從本質上來說，當今世界上最大的公司（Google、Facebook、Apple 與 Amazon），其實都是龐大的資料處理實體，而資料正是其業務模型的核心之所在。

本章運用 Python 的數值計算函式庫 *NumPy*，向你提供一些數值資料分析與處理的相關技能。我會給你 10 個實際的題目，並說明如何用 NumPy 的一行程式碼解決問題。由於在資料科學與機器學習方面，NumPy 一直是許多高階函式庫（例如 Pandas、scikit-learn、TensorFlow）的基礎，因此仔細研究本章一定可以讓你在當今資料驅動型經濟的環境下，增加你個人的市場價值。總之，請務必全神貫注，繼續跟著我前進就對了！

二維陣列的基本運算

我們打算在這裡用一行程式碼，解決一個日常生活中的會計任務。NumPy 是 Python 在數值計算與資料科學方面極為重要的一個函式庫，本章會陸續介紹 NumPy 的一些基本功能。

基礎

NumPy 陣列（array）可說是 NumPy 函式庫的核心，其中所保存的資料，可讓你進行各種分析、處理與視覺化呈現。許多更高階的資料科學函式庫（例如 Pandas），都是（直接或間接）以 NumPy 陣列為基礎所構建出來的。

NumPy 陣列與 Python 列表很類似，不過有一些額外的優點。首先，NumPy 陣列佔用比較小的記憶體空間，而且在大多數情況下速度更快。其次，在處理兩軸以上的（*多維*）資料時，NumPy 陣列更方便（多維的列表則很難進行存取與修改）。因為 NumPy 陣列可以包含多個軸，所以我們習慣用維度來看陣列 —— 具有兩個軸的陣列，就是二維陣列。第三，NumPy 陣列具有更強大的存取功能（例如 broadcasting 撒播機制），你在本章稍後就會對此有更詳細的瞭解。

列表 3-1 用舉例的方式說明，如何建立一維、二維與三維的 NumPy 陣列。

```
import numpy as np


# 根據一個列表，建立一個 1D 陣列
a = np.array([1, 2, 3])
print(a)
"""
[1 2 3]
"""


# 根據一個由列表所構成的列表，建立一個 2D 陣列
b = np.array([[1, 2],
              [3, 4]])
print(b)
"""
[[1 2]
 [3 4]]
"""


# 根據一個由列表所構成的列表所構成的列表，建立一個 3D 陣列
c = np.array([[[1, 2], [3, 4]],
              [[5, 6], [7, 8]]])
print(c)
"""
[[[1 2]
  [3 4]]

 [[5 6]
  [7 8]]]
"""
```

列表 3-1：用 NumPy 建立 1 維、2 維、3 維陣列

首先，我們用 np 這個別名（其實就是這個函式庫的標準別名）把 numPy 函式庫匯入名稱空間（namespace）。匯入函式庫之後，只要把標準的 Python 列表當做參數傳遞給 np.array() 函式，就可以建立一個 NumPy 陣列。一維陣列對應的是最簡單的數值列表（實際上，NumPy 陣列也可以包含其他資料型別，但我們在這裡先把重點放在數值型別）。二維陣列對應的是由數值**列表所構成的巢狀列表**。三維陣列對應的則是數值**列表的列表所構成的巢狀列表**。其實，只要觀察最前面左括號與最後面右括號的數量，就可以判斷出 NumPy 陣列的維數。

NumPy 陣列比 Python 內建的 list 列表強大許多。舉例來說，你可以針對兩個 NumPy 陣列進行基本的算術運算（+、-、*、/）。這些元素級（*element-wise*）運算會把陣列 a 的每個元素與陣列 b 的相應元素逐一進行運算（例如用 + 運算符號進行相加），藉此把 a 與 b 這兩個陣列組合起來。換句話說，元素級運算會把陣列 a 與 b 裡頭相同位置的兩個元素匯整起來。列表 3-2 顯示的就是二維陣列進行一些基本算術運算的範例。

```
import numpy as np


a = np.array([[1, 0, 0],
              [1, 1, 1],
              [2, 0, 0]])

b = np.array([[1, 1, 1],
              [1, 1, 2],
              [1, 1, 2]])


print(a + b)
"""
[[2 1 1]
 [2 2 3]
 [3 1 2]]
"""
```

```
print(a - b)
"""
[[ 0 -1 -1]
 [ 0  0 -1]
 [ 1 -1 -2]]
"""

print(a * b)
"""
[[1 0 0]
 [1 1 2]
 [2 0 0]]
"""

print(a / b)
"""
[[1.  0.  0. ]
 [1.  1.  0.5]
 [2.  0.  0. ]]
"""
```

列表 3-2：陣列的一些基本算術運算

NOTE 如果你是把 NumPy 運算符號應用於整數陣列，它最後也會盡可能得出整數陣列的結果。唯有在使用除號對兩個整數陣列進行 `a / b` 的除法運算時，結果才會變成浮點數陣列。只要有了小數點，就代表數字為浮點數（例如：`1.`、`0.` 和 `0.5`）。

如果仔細觀察，你就會發現每一種運算操作都是針對兩個 NumPy 陣列相應的元素逐一進行計算。兩個陣列相加時，結果會得到一個新陣列：其中每個新值都是第一個陣列與第二個陣列相應值的總和。在計算減法、乘法與除法時，也是如此。

NumPy 也提供了許多可針對整個陣列進行操作的函式，例如 `np.max()` 函式，可計算出 NumPy 陣列所有值其中的**最大值**。`np.min()` 函式則可計算出 NumPy 陣列所有值其中的**最小值**。`np.average()` 函式可計算出 NumPy 陣列中所有值的**平均值**。

列表 3-3 顯示的就是這三種操作的範例。

```
import numpy as np


a = np.array([[1, 0, 0],
              [1, 1, 1],
              [2, 0, 0]])

print(np.max(a))
# 2

print(np.min(a))
# 0

print(np.average(a))
# 0.6666666666666666
```

列表 3-3：計算出 NumPy 陣列中所有值的最大值、最小值與平均值

NumPy 陣列中所有值的最大值為 2，最小值為 0，平均值為（1 + 0 + 0 + 1 +1 + 1 + 2 + 0 + 0）/ 9 = 2/3。NumPy 還有許多更強大的工具，但目前這些已經足以解決下面的問題：如果知道一群人的年薪與稅率，我們如何從這群人找出其中最高的稅後收入值？

程式碼

我們就以 Alice、Bob 與 Tim 的薪水資料為例，嘗試解決這個問題。Bob 似乎是過去三年薪水最高的人。但如果考慮到我們這三個朋友的個人稅率，他實際上還是那個把最多錢帶回家的人嗎？我們來看一下列表 3-4。

```
## 依賴的模組套件
import numpy as np


## 資料：年薪（單位為 $1000 美元）[2017, 2018, 2019]
alice = [99, 101, 103]
```

```
bob = [110, 108, 105]
tim = [90, 88, 85]

salaries = np.array([alice, bob, tim])
taxation = np.array([[0.2, 0.25, 0.22],
                     [0.4, 0.5, 0.5],
                     [0.1, 0.2, 0.1]])


## 一行程式碼
max_income = np.max(salaries - salaries * taxation)


## 結果
print(max_income)
```

列表 3-4：這一行程式碼運用到陣列的基本算術運算

猜一猜：這段程式碼的輸出是什麼？

原理說明

匯入 NumPy 函式庫之後，我們把資料放入三橫行（Alice、Bob 與 Tim 每個人一行）與三縱列（2017、2018 與 2019 每年一縱列）的二維 NumPy 陣列。現在我們有了兩個二維陣列：`salaries` 保存的是年收入，`taxation` 保存的則是每個人每一年的稅率。

如果要計算稅後收入，你就必須把儲存在 `salaries` 陣列裡的總收入，扣除掉所要繳交的稅額（以美元為單位）。因此，你必須使用 NumPy 的運算符號 `-` 與 `*`，對 NumPy 陣列執行元素級計算。

兩個多維陣列的元素級乘法，就是所謂的 *Hadamard* 乘積（*Hadamard product*）。

列表 3-5 顯示的就是總收入減去稅額之後的 NumPy 陣列結果。

```
print(salaries - salaries * taxation)
"""
[[79.2  75.75 80.34]
 [66.   54.   52.5 ]
 [81.   70.4  76.5 ]]
"""
```

列表 3-5：陣列的基本算術運算結果

在這裡你就可以看到，Bob 大筆的收入在支付了 40% 與 50% 的稅率之後顯著減少，如第二橫行所示。

這段程式碼會把結果陣列中的最大值列印出來。`np.max()` 函式很容易就可以找出陣列中的最大值，然後保存在 `max_income` 這個變數之中。一行程式碼的最大值結果是 `81.`（同樣的，小數點就代表是浮點數）；這個最大的稅後收入值其實是因為 Tim 在 2017 年的 90,000 美元收入，只被徵收了 10% 的稅。

現在你已經知道如何運用 NumPy 的基本元素級陣列運算，針對一群人的稅率進行分析。等我們介紹過一些中等程度的 NumPy 概念（例如切取片段與撒播機制），隨後在練習中還會再次用到這組相同的範例資料。

活用 NumPy 陣列：切取片段、撒播機制、陣列型別

本節的一行程式碼將示範 NumPy 其中三個有趣又強大的功能：切取片段（slicing）、撒播機制（broadcasting）、陣列型別（array type）。本節所使用的資料是一個陣列，其中包含多種不同專業相應的薪資資料。我們會結合運用以上三個概念，讓資料科學家的薪水每兩年增加 10%。

基礎

本節的問題關鍵在於，我們希望能夠針對具有許多行資料的 NumPy 陣列，修改其中某些特定的值。實際上，我們只想修改其中某一行資料，而且希望能以間隔的方式修改其值。一開始我們先來探索一下，解決此問題所需的基本知識。

切取片段與索引取值

在 NumPy 用索引取值與切取片段的做法，與 Python 的做法很類似（參見第 2 章）：你可以在方括號 `[]` 內指定索引或索引範圍，以存取一維陣列中的元素。舉例來說，`x[3]` 這樣的索引操作會送回 NumPy 陣列 `x` 的第四個元素（因為索引是以 0 做為第一個元素）。

你也可以針對多維陣列運用索引，方法就是分別針對每個維度指定索引值，並運用逗號隔開索引值以存取不同的維度。舉例來說，`y[0,1,2]` 這樣的索引操作就會從第一軸的第一元素裡、沿第二軸取第二元素，再從其中沿第三軸取出第三元素。請注意，對於 Python 的多維 list 列表來說，此語法是無效的。

我們繼續討論 NumPy 切取片段的做法。只要研究一下列表 3-6 的範例，就可以掌握 NumPy 從一維陣列中切取片段的做法；如果你在理解這些範例時感到有些困難，隨時都可以回到第 2 章，重新瞭解一下 Python 切取片段的基本做法。

```
import numpy as np


a = np.array([55, 56, 57, 58, 59, 60, 61])
print(a)
# [55 56 57 58 59 60 61]

print(a[:])
# [55 56 57 58 59 60 61]

print(a[2:])
```

```
# [57 58 59 60 61]

print(a[1:4])
# [56 57 58]

print(a[2:-2])
# [57 58 59]

print(a[::2])
# [55 57 59 61]

print(a[1::2])
# [56 58 60]

print(a[::-1])
# [61 60 59 58 57 56 55]

print(a[:1:-2])
# [61 59 57]

print(a[-1:1:-2])
# [61 59 57]
```

列表 3-6：一維陣列切取片段的範例

下一步就是要完全理解多維陣列切取片段的做法。就像索引的邏輯一樣，我們可以針對每個軸（以逗號隔開）分別套用一維陣列切取片段的做法，沿著該軸選取一系列的元素。請花些時間徹底理解列表 3-7 裡的範例。

```
import numpy as np


a = np.array([[0, 1, 2, 3],
              [4, 5, 6, 7],
              [8, 9, 10, 11],
              [12, 13, 14, 15]])

print(a[:, 2])
# 第三縱列：[ 2  6 10 14]
```

```
print(a[1, :])
# 第二橫行：[4 5 6 7]

print(a[1, ::2])
# 第二橫行，間隔取值：[4 6]

print(a[:, :-1])
# 除了最後一縱列之外的其他所有縱列：
# [[ 0  1  2]
# [ 4  5  6]
# [ 8  9 10]
# [12 13 14]]

print(a[:-2])
# 與 a[:-2, :] 同樣的效果
# [[ 0  1  2  3]
# [ 4  5  6  7]
```

列表 3-7：多維陣列切取片段的範例

只要好好研究列表 3-7，你一定可以瞭解多維陣列切取片段的做法。只要使用 `a[slice1, slice2]` 的語法，就可以對二維陣列進行切取片段的操作。如果還有額外的維度，也只需以逗號隔開，添加額外的切取片段操作（用 `start:stop` 或 `start:stop:step` 這樣的方式來切取片段）。每個切取片段的操作都會在各自的維度中，獨立選出相應的子序列元素。一旦你瞭解這個基本概念，那麼無論是一維或多維，切取片段的操作其實都是很類似的。

撒播機制

撒播機制（*Broadcasting*）描述的是一種自動程序，可以把兩個 NumPy 陣列展開成相同的形狀，以便讓你套用一些元素級操作（參見第 67 頁的「切取片段與索引取值」）[譯註 1]。撒播機制與 NumPy 陣列的 *shape*（形狀）屬性有密切的關係，而 NumPy 陣列的 *shape* 屬性

譯註 1 broadcasting 原指「播種」的其中一種方式，這裡則藉由撒開種子的動作，來比擬陣列展開的意象。

又與軸的概念密切相關。因此，接著我們就來深入探討軸、形狀與撒播機制。

每個陣列都可能有好幾個軸（*axis*），每個軸就代表一個維度（列表 3-8）。

```
import numpy as np

a = np.array([1, 2, 3, 4])
print(a.ndim)
# 1

b = np.array([[2, 1, 2], [3, 2, 3], [4, 3, 4]])
print(b.ndim)
# 2

c = np.array([[[1, 2, 3], [2, 3, 4], [3, 4, 5]],
              [[1, 2, 4], [2, 3, 5], [3, 4, 6]]])
print(c.ndim)
# 3
```

列表 3-8：三種 NumPy 陣列各自的軸數與維度

在這裡，你可以看到 a、b、c 三個陣列。陣列的 ndim 屬性儲存的是此特定陣列的軸數。你可以在 shell 介面中，把每個陣列的軸數列印出來。陣列 a 是一維的，陣列 b 是二維的，陣列 c 則是三維的。每個陣列都有一個相應的 shape 屬性，這個 tuple 元組提供的是每個軸其中元素的數量。以二維陣列來說，tuple 元組裡就會有兩個值：橫行數與縱列數。如果是高維陣列，tuple 元組裡的第 *i* 個值就是第 *i* 個軸的元素數量。因此，tuple 元組的元素數量，就是 NumPy 陣列的維數。

NOTE 如果增加陣列的維數（例如從 2D 陣列變成 3D 陣列），新軸就會變為第 0 軸，而低維陣列的第 i 軸就會變成高維陣列的第（i + 1）軸。

列表 3-9 針對列表 3-8 裡相同的陣列，給出了相應的 shape 屬性值。

```
import numpy as np


a = np.array([1, 2, 3, 4])
print(a)
"""
[1 2 3 4]
"""
print(a.shape)
# (4,)

b = np.array([[2, 1, 2], [3, 2, 3], [4, 3, 4]])
print(b)
"""
[[2 1 2]
 [3 2 3]
 [4 3 4]]
"""
print(b.shape)
# (3, 3)

c = np.array([[[1, 2, 3], [2, 3, 4], [3, 4, 5]],
              [[1, 2, 4], [2, 3, 5], [3, 4, 6]]])
print(c)
"""
[[[1 2 3]
  [2 3 4]
  [3 4 5]]

 [[1 2 4]
  [2 3 5]
  [3 4 6]]]
"""
print(c.shape)
# (2, 3, 3)
```

列表 3-9：1D、2D、3D NumPy 陣列的 shape 屬性值

在這裡你可以看到，shape 屬性比 ndim 屬性包含更多的資訊。每個 shape 屬性都是一個 tuple 元組，保存著每個軸的元素數量：

- 陣列 a 是一維的，因此 shape 元組只有一個元素，其值代表縱列的數量（四個元素）。
- 陣列 b 是二維的，因此 shape 元組有兩個元素，分別代表橫行與縱列的數量。
- 陣列 c 是三維的，因此 shape 元組有三個元素——每個軸對應一個元素。第 0 軸有兩個元素（每個元素都是二維陣列），第 1 軸有三個元素（每個元素都是一維陣列），第 2 軸有三個元素（每個元素都是一個整數值）。

現在你已瞭解 shape 屬性，就可以更輕鬆掌握撒播機制的想法了：重新排列資料，把兩個陣列變成相同的形狀。我們就來看看撒播機制是怎麼運作的。如果兩個不同形狀的 NumPy 陣列要進行元素級運算，撒播機制就會自動進行修正。舉例來說，把乘號 * 套用到 NumPy 陣列時，通常會執行元素級乘法。但如果乘號兩邊的資料形狀不相符（譬如乘號左邊是 NumPy 陣列，右邊是一個浮點數值），這樣會發生什麼事呢？在這樣的情況下，NumPy 並不會拋出錯誤，而是根據右邊的資料，自動建立一個新的陣列。這個新陣列的大小與維數，會與左邊的陣列相同，而其中的元素全都是相同的浮點數值。

因此，撒播機制就是把低維陣列轉換為高維陣列，以執行元素級操作的一種行為。

具有同質性的值

NumPy 陣列一定是**具有同質性的**（*homogeneous*），也就是所有值全都具有相同的型別。這裡針對各種可能的陣列資料型別，列出了一份非排他性列表：

bool：Python 布林資料型別（1 Byte）

int：Python 整數資料型別（預設大小：4 或 8 Byte）

float：Python 浮點數資料型別（預設大小：8 Byte）

complex：Python 複數資料型別（預設大小：16 Byte）

np.int8：整數資料型別（1 Byte）

np.int16：整數資料型別（2 Byte）

np.int32：整數資料型別（4 Byte）

np.int64：整數資料型別（8 Byte）

np.float16：浮點數資料型別（2 Byte）

np.float32：浮點數資料型別（4 Byte）

np.float64：浮點數資料型別（8 Byte）

列表 3-10 顯示的就是建立不同型別 NumPy 陣列的做法。

```
import numpy as np

a = np.array([1, 2, 3, 4], dtype=np.int16)
print(a) # [1 2 3 4]
print(a.dtype) # int16

b = np.array([1, 2, 3, 4], dtype=np.float64)
print(b) # [1. 2. 3. 4.]
print(b.dtype) # float64
```

列表 3-10：不同資料型別的 NumPy 陣列

這段程式碼裡有兩個陣列 a 與 b。第一個陣列 a 的資料型別為 np.int16。數字為整數型別（數字後面沒有「小數點」）。具體來說，如果列印出陣列 a 的 dtype 屬性，會得到 int16 的結果。

第二個陣列 b 的資料型別為 float64。因此，即使你用整數列表來建立陣列，NumPy 還是會把陣列型別轉換為 np.float64。

這裡有兩個特別重要的要點：NumPy 可以讓你控制資料的型別，而且 NumPy 陣列裡的資料型別，全都具有同質性。

程式碼

假設你擁有各個不同專業相應的薪水資料，而且你希望每隔兩年就把資料科學家的薪水提高 10%。列表 3-11 呈現的就是相應的程式碼。

```
## 依賴的模組套件
import numpy as np


## 資料：年薪（以 $1000 美元為單位）[2025, 2026, 2027]
dataScientist =     [130, 132, 137]
productManager =    [127, 140, 145]
designer =          [118, 118, 127]
softwareEngineer =  [129, 131, 137]

employees = np.array([dataScientist,
                      productManager,
                      designer,
                      softwareEngineer])


## 一行程式碼
employees[0,::2] = employees[0,::2] * 1.1


## 結果
print(employees)
```

列表 3-11：這一行程式碼在取值與賦值時，都用到了切取片段的做法

請花一點時間思考一下這段程式碼的輸出。你想要改變的是什麼東西？結果所得到的陣列，具有什麼樣的資料型別？這段程式碼會輸出什麼結果？

原理說明

這段程式碼中的你，置身於 2024 年。首先，你建立了一個 NumPy 陣列，其中每一行包含的都是某個專業（資料科學家、產品經理、設計師、軟體工程師）預期的年薪。每一個縱列分別給出了 2025、2026、2027 這幾年未來的年薪。所得到的 NumPy 陣列，具有四個橫行、三個縱列。

你手頭上有一些可用的資金，希望能用來激勵公司內最重要的專業人才。你對於資料科學的未來充滿期待，因此你決定獎勵一下公司內隱藏的英雄：資料科學家。你想要更新 NumPy 陣列，好讓資料科學家的薪水從 2025 年開始每兩年（非累計）增加 10%。

於是，你開發出下面這行漂亮的一行程式碼：

```
employees[0,::2] = employees[0,::2] * 1.1
```

它看起來既簡單又乾淨，而且可以給出如下的輸出：

```
[[143 132 150]
 [127 140 145]
 [118 118 127]
 [129 131 137]]
```

雖然很簡單，但你的一行程式碼卻包含了三種有趣又進階的概念。

切取片段

第一，你在**取值**與**賦值**兩方面，都運用了切取片段的概念。在範例中，你運用切取片段的做法，在 `employee` 這個 NumPy 陣列中，針對第一行以間隔的方式取得了所有相應的值。然後你運用切取片段賦值的做法，以間隔的方式修改了第一行所有相應的值。切取片段賦值所採用的語法與切取片段相同，但有一個關鍵的區別：賦值是在等號的左側採用切取片段的做法。這些元素會被替換成等號右側所指定的元

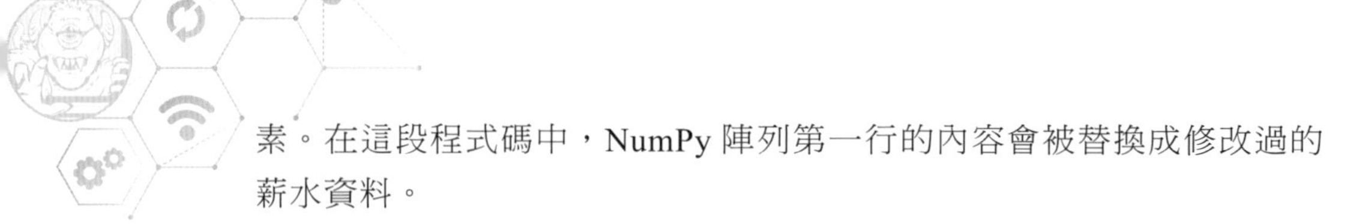

素。在這段程式碼中，NumPy 陣列第一行的內容會被替換成修改過的薪水資料。

撒播機制

第二，你運用了撒播機制，針對不同形狀的 NumPy 陣列，在進行元素級運算時，自動進行了修正。在這一行程式碼中，乘法運算符號 * 左邊是一個 NumPy 陣列，右邊則是一個浮點數值。NumPy 會自動建立一個新陣列，其大小維數都與左邊的陣列相同，而且從概念上來說，它會把浮點數的值一一填入到新的陣列之中。實際上，NumPy 所執行的計算，看起來更像下面這樣：

```
np.array([130 137]) * np.array([1.1, 1.1])
```

陣列的資料型別

第三，你可能已經意識到，即使執行的是浮點數運算，但結果的資料型別並不是浮點數，而是整數。這是因為在建立陣列時，NumPy 發現這個陣列只包含整數值，因此就假設它是一個整數陣列。之後你對整數陣列執行任何操作，都不會改變其資料型別，而且 NumPy 也會以無條件捨去的方式取得相應的整數值。你也可以運用 dtype 屬性，取得陣列相應的型別：

```
print(employees.dtype)
# int32
employees[0,::2] = employees[0,::2] * 1.1
print(employees.dtype)
# int32
```

總而言之，你已經瞭解如何以切取片段的方式取值與賦值、撒播機制、 NumPy 陣列型別等概念，這些在一行程式碼中全都是非常重要的概念。我們接著就以此為基礎，嘗試解決現實世界裡的一個小小資料科學問題：根據各城市的污染測量結果，偵測出其中的異常值。

用陣列的條件搜尋、篩選、撒播機制偵測出異常值

本節的一行程式碼，我們要來探索一下城市的空氣品質資料。具體來說，我們會採用二維的 NumPy 陣列，給出多個城市（分別以不同橫行來表示）相應的多筆污染量測值（分別以不同縱列來表示），然後找出其中污染量測值高於平均程度的城市。只要想從大量資料中找出異常的情況，本節所學習的技巧就有機會派上用場。

基礎

空氣品質指數（AQI；Air Quality Index）衡量的是空氣有害健康的危險程度，經常被用來比較不同城市空氣品質的差異。在這裡的一行程式碼中，我們會查看以下四個城市的 AQI：香港、紐約、柏林與蒙特婁。

這一行程式碼會找出污染程度高於平均的城市；從定義上來說，所找出城市的 AQI 峰值，一定是高於所有城市所有測量結果的整體平均值。

我們的解決方式其中一個重要的工作，就是在 NumPy 陣列中找出滿足特定條件的元素。這是在資料科學領域經常會遇到的一種常見問題。

因此，我們就來探索一下如何找出滿足特定條件的陣列元素。NumPy 提供了一個 `nonzero()` 函式，可用來找出陣列中不等於零的元素索引值。列表 3-12 提供了一個範例。

```
import numpy as np

X = np.array([[1, 0, 0],
              [0, 2, 2],
              [3, 0, 0]])

print(np.nonzero(X))
```

列表 3-12：nonzero 函式

所得到的結果，是由兩個 NumPy 陣列所構成的一個 tuple 元組：

```
(array([0, 1, 1, 2], dtype=int64), array([0, 1, 2, 0], dtype=int64)).
```

其中第一個陣列給出的是非零元素的橫行索引值，第二個陣列則給出非零元素的縱列索引值。這個二維陣列共有四個非零元素：`1`、`2`、`2`、`3`，分別位於 `X[0, 0]`、`X[1, 1]`、`X[1, 2]`、`X[2, 0]` 這幾個位置。

現在你要怎麼運用 `nonzero()` 函式，在陣列中找出滿足特定條件的元素呢？這裡會用到另一個很棒的 NumPy 功能：具有撒播效果的布林陣列操作（參見列表 3-13）！

```
import numpy as np

X = np.array([[1, 0, 0],
              [0, 2, 2],
              [3, 0, 0]])

print(X == 2)
"""
[[False False False]
 [False  True  True]
 [False False False]]
"""
```

列表 3-13：NumPy 的撒播機制與元素級布林運算

在撒播機制的作用下，整數 `2`（在概念上）會被複製到一個新陣列，這個新陣列會與原陣列具有相同的形狀。然後，NumPy 會把原陣列裡的每個整數與 `2` 這個值進行比較，再送回一個布林陣列做為其結果。

我們的主程式碼會結合 `nonzero()` 與布林陣列操作功能，找出其中滿足特定條件的元素。

程式碼

在列表 3-14 中，我們可以從一組資料中找出污染峰值高於平均的城市。

```
## 依賴的模組套件
import numpy as np

## 資料：空氣品質指數 AQI 資料（每一橫行對應一個城市）
X = np.array(
    [[ 42, 40, 41, 43, 44, 43 ], # 香港
     [ 30, 31, 29, 29, 29, 30 ], # 紐約
     [ 8, 13, 31, 11, 11, 9 ], # 柏林
     [ 11, 11, 12, 13, 11, 12 ]]) # 蒙特婁

cities = np.array(["Hong Kong", "New York", "Berlin", "Montreal"])

## 一行程式碼
polluted = set(cities[np.nonzero(X > np.average(X))[0]])

## 結果
print(polluted)
```

列表 3-14：這一行程式碼運用了撒播機制、布林運算符號，以及具有選擇效果的索引功能

你可以嘗試看看，能否判斷這段程式碼會輸出什麼結果。

原理說明

資料陣列 X 包含四橫行（每一橫行代表一個城市）與六縱列（每個縱列有一個量測值；在這個範例中，每一個數值就代表一天的量測值）。字串陣列 `cities` 內有四個城市的名稱，其順序與資料陣列中出現的順序相同。

下面的一行程式碼，可找出 AQI 值高於平均的城市：

```
## 一行程式碼
polluted = set(cities[np.nonzero(X > np.average(X))[0]])
```

我們要先瞭解程式碼各個部分的用意，才能對整體有所理解。為了更理解這一行程式碼，我們先從內部開始進行解構。這一行程式碼的核心部分，是一個布林陣列操作（參見列表 3-15）。

```
print(X > np.average(X))
"""
[[ True  True  True  True  True  True]
 [ True  True  True  True  True  True]
 [False False  True False False False]
 [False False False False False False]]
"""
```

列表 3-15：運用撒播機制，進行布林陣列操作

你可以運用布林表達式，透過撒播機制讓兩個運算操作對象都具有相同的形狀。你可以運用 `np.average()` 這個函式計算出 NumPy 陣列中所有元素的平均 AQI 值。然後布林表達式會執行元素級比較，得出一個布林陣列，其中所觀察到的量測值如果高於 AQI 平均值，相應的元素就是 True。

計算出這個布林陣列之後，你就可以精確知道哪幾個元素滿足、哪幾個元素不滿足「高於平均」的條件。

還記得嗎？Python 的 `True` 值是用整數 `1` 來表示，而 `False` 則是用 `0` 來表示。實際上，`True` 與 `False` 這兩個物件的型別都是 `bool`，而 bool 型別其實是 `int` 的子類別。因此，每一個布林值其實也都是一個整數值。只要有了這個布林陣列，你就可以運用 `nonzero()` 函式，找出滿足條件的所有橫行與縱列索引如下：

```
print(np.nonzero(X > np.average(X)))
"""
(array([0, 0, 0, 0, 0, 0, 1, 1, 1, 1, 1, 1, 2], dtype=int64),
array([0, 1, 2, 3, 4, 5, 0, 1, 2, 3, 4, 5, 2], dtype=int64))
"""
```

這裡會得到兩個 tuple 元組，第一個是所有非零元素的橫行索引，第二個則是所有非零元素的縱列索引。

由於我們只想找出 AQI 值高於平均的城市名稱，因此這裡只需要橫行索引。我們可以運用一種「進階索引」（*advanced indexing*）的方式，利用這些橫行索引，從字串陣列中提取出相應的字串名稱；這種進階索引技術可以讓你透過一串索引來取值，而且所取的值並不需要是連續的片段。透過這種方式，你就可以隨意指定一串整數（代表所要選取的索引位置）或一串布林值（用 `True` 來指出所要選取的索引位置），藉此方式存取 NumPy 陣列中的任意元素：

```
print(cities[np.nonzero(X > np.average(X))[0]])
"""
['Hong Kong' 'Hong Kong' 'Hong Kong' 'Hong Kong' 'Hong Kong' 'Hong Kong'
 'New York' 'New York' 'New York' 'New York' 'New York' 'New York'
 'Berlin']
"""
```

在結果的這一堆字串中，可以看到許多重複的項目，這是因為香港與紐約都有好幾個 AQI 的測量值高於整體平均值。

現在，就只剩一件事要做了：刪除掉重複的項目。你只要把這一串結果轉換成 Python 的 set 集合（預設情況下不會有重複項）就能達到效果，最後即可得出空氣污染超過平均 AQI 值的所有城市名稱。

練習 3-1

你可以回頭看看第 60 頁「二維陣列的基本運算」其中關於稅額計算的範例，並運用這種布林索引選取資料的做法，從矩陣中取出薪水最高的人名。問題回顧：我們該如何根據每個人的年薪與個人稅率，從一群人之中找出稅後收入最高的人？

總之，你已經學會如何在 NumPy 陣列中運用布林表達式（並再次運用撒播機制）與 `nonzero()` 函式，找出其中能夠滿足某些條件的橫行或縱列。學會如何用一行程式碼拯救環境之後，我們接下來要繼續學習如何透過分析，找出社群媒體裡的各大網紅。

用布林索引篩選二維陣列

我們打算從一個小型資料集內，找出粉絲（follower）人數超過 1 億以上的 Instagram 使用者，藉此強化你對陣列索引與撒播機制的認識。具體來說，我們會提供一個二維陣列，其中包含各大網紅的相關資料（每一行代表一位網紅），其中一個縱列是網紅的名字，另一個縱列則是該網紅的粉絲人數；我們會找出粉絲人數超過一億的網紅，把他們的名字全都列出來！

基礎

NumPy 陣列具備了一些 list 列表所沒有的額外功能（例如多維切取片段與多維索引），可以讓基本的 list 列表資料變得更加好用。我們可以看一下列表 3-16 這段程式碼。

```
import numpy as np


a = np.array([[1, 2, 3],
              [4, 5, 6],
              [7, 8, 9]])

indices = np.array([[False, False, True],
                    [False, False, False],
                    [True, True, False]])

print(a[indices])
# [3 7 8]
```

列表 3-16：NumPy 可以用（布林）索引取值的方式來選取資料

這裡建立了兩個陣列：第一個陣列 a 是由二維數值資料所構成的**資料陣列**，第二個陣列 indices 則是由布林值所構成的**索引陣列**。NumPy 其中一個很棒的功能，就是可以運用布林陣列，對資料陣列進行細粒度（fine-grained）存取。用比較簡單的話來說，最後你可以創建出一個新陣列，裡頭只包含資料陣列 a 其中某些特定的元素，而這些元素在 indices 這個索引陣列相應的位置處，都是對應到 True 這個值。舉例來說，如果 indices[i, j] == True，新陣列裡頭就會有 a[i, j] 的值。同樣的，如果 indices[i, j] == False，新陣列裡頭就不會有 a[i, j] 的值。因此，最後所得出的新陣列就只有 3、7、8 這三個值。

在下面的一行程式碼中，我們會運用此功能，對社群網路進行簡單的分析。

程式碼

列表 3-17 可以找出粉絲人數超過 1 億的 Instagram 超級網紅的名字！

```
## 依賴的模組套件
import numpy as np


## 資料：特別受歡迎的 IG 帳號（粉絲人數的單位為百萬）
inst = np.array([[232, "@instagram"],
                 [133, "@selenagomez"],
                 [59,  "@victoriassecret"],
                 [120, "@cristiano"],
                 [111, "@beyonce"],
                 [76,  "@nike"]])


## 一行程式碼
superstars = inst[inst[:,0].astype(float) > 100, 1]


## 結果
print(superstars)
```

列表 3-17：這一行程式碼運用了陣列型別、布林運算符號與切取片段的做法

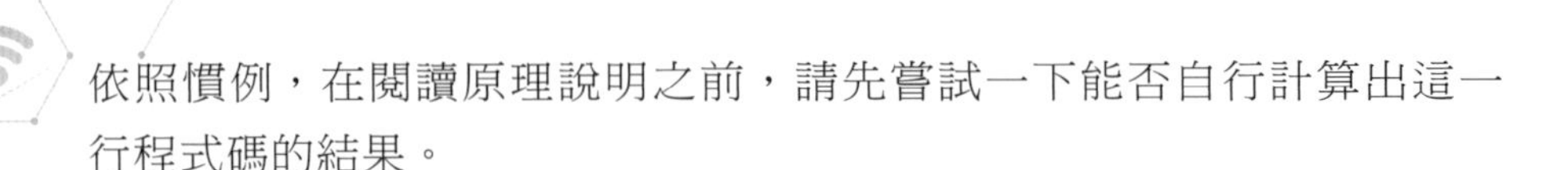

依照慣例，在閱讀原理說明之前，請先嘗試一下能否自行計算出這一行程式碼的結果。

原理說明

資料是由 `inst` 這個二維陣列所構成，其中每一行就代表 Instagram 的一位網紅。第一縱列是粉絲的人數（以百萬為單位），第二縱列則是網紅在 Instagram 裡的名字。你想根據這份資料，找出其中粉絲人數超過 1 億的 Instagram 網紅的名字。

如果想用一行程式碼解決此問題，方法有很多種。以下就是最簡單的一種做法：

```
## 一行程式碼
superstars = inst[inst[:,0].astype(float) > 100, 1]
```

我們就來一步一步解構這一行程式碼。方括號裡頭的表達式會計算出一組布林值，可用來說明有哪幾個網紅擁有超過 1 億名粉絲：

```
print(inst[:,0].astype(float) > 100)
# [ True  True False  True  True False]
```

第一縱列包含的是粉絲的人數，因此你可以運用切取片段的做法取得粉絲人數的資料；`inst[:, 0]` 只會送回每一行第一縱列裡的資料。不過，由於原資料陣列裡包含各種不同的資料型別（整數與字串），因此 NumPy 會自動把這個陣列認定為非數字資料型別。其原因主要是因為「數值」資料型別無法處理「字串」資料，因此 NumPy 會把資料轉換成通用性比較高的「字串」型別，以便能夠順利呈現陣列中所有的資料（字串與數值）。但你必須針對資料陣列的第一縱列執行數值比較，以檢查每個值是否大於 100，因此你必須先運用 `.astype（float）`把陣列轉換成 float 浮點數型別。

接著就可以檢查 NumPy 陣列中每一個已轉成浮點數型別的值，看看是否大於整數值 100。NumPy 在這裡會再次運用到撒播機制，把兩個運算對象自動變成相同的形狀，以便能夠逐個元素進行比較。結果是一個布林值陣列，我們可以看到其中有四個網紅擁有超過 1 億名粉絲。

現在你就可以利用這個布林陣列（也叫做「遮罩」索引陣列；mask index array），選取出擁有超過 1 億名粉絲的網紅（相應的資料行）：

```
inst[inst[:,0].astype(float) > 100, 1]
```

由於你只對這些網紅的名字感興趣，因此這裡只選取第二縱列做為最終的結果，然後再把它保存到 `superstars` 這個變數之中。

根據我們的資料集，擁有粉絲人數超過 1 億的 Instagram 超級網紅如下：

```
# ['@instagram' '@selenagomez' '@cristiano' '@beyonce']
```

總結來說，你已學會如何運用 NumPy 的一些概念（例如切取片段、撒播機制、布林索引與資料型別轉換），解決社群媒體分析裡的一個資料科學小問題。接著我們將改往物聯網的新應用場景中繼續學習。

用撒播機制、切取片段賦值和重新調整形狀的技巧，清理陣列中每一個第 i 元素

現實世界很少有絕對乾淨的資料，理由千奇百怪（譬如感測器損壞故障），總之遇到一些有錯誤或遺漏的值一點也不奇怪。我們在本節會學習到如何進行小型的清理任務，以消除掉一些錯誤的資料點。

基礎

假設你在花園裡安裝了溫度感測器，可以量測到好幾個星期內的溫度資料。每個星期天你都會把溫度感測器從花園拿進屋裡，以讀取所量

測的數值。不過你發現星期天的量測值可能有點問題，因為有時量測到的是你家裡而非室外的溫度。

你想改用前 7 天的平均感測值來代替每個星期天的感測值，藉此方式清理資料（星期天的值也包含在平均的計算之中，因為星期天的值並不一定都是有問題的）。在深入研究程式碼之前，我們先探索一些這裡會用到的重要概念，以做為理解的基礎。

切取片段賦值

有了 NumPy 切取片段賦值的功能（參見第 66 頁「活用 NumPy 陣列：切取片段、撒播機制、陣列型別」），你就可以在等式左側指定你想要換掉哪些值，然後在等式右側指定你要替換成什麼樣的值。列表 3-18 提供了一個範例，可以讓你稍作複習。

```
import numpy as np


a = np.array([4] * 16)
print(a)
# [4 4 4 4 4 4 4 4 4 4 4 4 4 4 4 4]

a[1::] = [42] * 15
print(a)
# [ 4 42 42 42 42 42 42 42 42 42 42 42 42 42 42 42]
```

列表 3-18：建立一個簡單的 Python 列表，再用切取片段賦值的方式指定其值

這段程式碼建立了一個陣列，裡頭包含了 16 個數值 4。你可以運用切取片段賦值的做法，把後 15 個值替換成 42。還記得嗎，`a[start:stop:step]` 這個表達方式會從 `start` 這個索引開始選取資料，選到 `stop` 這個索引為止（不包含 stop 這個索引），而且每間隔 `step` 只取一個元素。如果未指定任何參數，NumPy 就會採用預設值。`a[1::]` 這個寫法就表示要替換掉第一個元素以外的所有元素。列表 3-19 顯示的就是切取片段賦值的做法，這個做法你已經看過很多次了。

```
import numpy as np


a = np.array([4] * 16)

a[1:8:2] = 16
print(a)
# [ 4 16  4 16  4 16  4 16  4  4  4  4  4  4  4  4]
```

列表 3-19：NumPy 切取片段賦值的另一個例子

這段程式碼會替換掉索引 1 到 8 之間（不包括 8）以 2 為間隔的每一個值。你可以看到，這裡只需指定一個單一值 16，就可以替換掉所有選定的元素，這全都是因為有（你猜得沒錯）**撒播機制**的緣故！等式的右側會自動進行轉換，變成與左側陣列相同形狀的一個 NumPy 陣列。

重新調整形狀

探討本節的一行程式碼之前，你必須先瞭解一個重要的 NumPy 的函式：`x.reshape((a, b))`，這個函式可以把 NumPy 陣列 x 轉換成另一個具有 a 橫行 b 縱列（也就是形狀為 `(a, b)`）的新陣列。下面就是一個範例：

```
a = np.array([1, 2, 3, 4, 5, 6])
print(a.reshape((2, 3)))
'''
[[1 2 3]
 [4 5 6]]
'''
```

如果未明確定義縱列的數字，你也可以讓 NumPy 自動計算出縱列的數量。假設你想把一個具有六個元素的陣列重新調整成具有兩橫行的二維陣列。NumPy 本身就能算出它需要三個縱列，這樣才能讓新陣列的形狀與原始陣列的六個元素相符。下面就是一個範例：

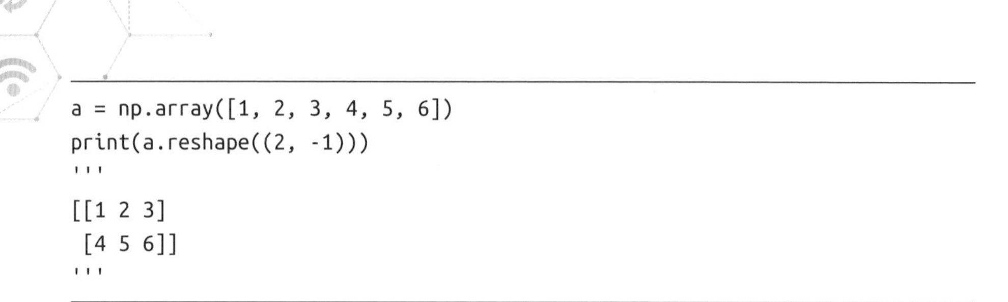

```
a = np.array([1, 2, 3, 4, 5, 6])
print(a.reshape((2, -1)))
'''
[[1 2 3]
 [4 5 6]]
'''
```

形狀的縱列參數值為 `-1`，就表示 NumPy 應該自行計算出正確的縱列數量（以這裡的例子來說就是 3）。

axis 參數

最後，我們再來考慮下面這段程式碼，其中引入 `axis` 這個參數。這裡有一個陣列 `solar_x`，其中包含了伊隆·馬斯克（Elon Musk）的 SolarX 公司每天的股價。我們想針對每天的上午、正午與下午，分別計算出各時段的平均股價。我們該怎麼做呢？

```
import numpy as np


# 每日股價
# [ 上午 , 正午 , 下午 ]
solar_x = np.array(
    [[1, 2, 3], # 今天
     [2, 2, 5]]) # 昨天

# 各時段平均
print(np.average(solar_x, axis=0))
# [1.5 2.  4. ]
```

`solar_x` 這個陣列包含的是 SolarX 公司的股價。它有兩橫行（每天一橫行）、三縱列（每個縱列代表不同時段的股票價格）。假設我們要計算的是上午、正午與下午這三個時段各自的平均股價。也就是說，我們想用取平均的方式，把每一縱列裡的值匯整起來。如果換成另一種說法，其實就是想沿著第 0 軸計算平均值。這就是關鍵字參數 `axis = 0` 所要達到的效果。

程式碼

瞭解前面所介紹的概念之後，我們就可以解決以下的問題（列表 3-20）：針對所給定的溫度值陣列，把其中每間隔七天的溫度值，替換成最近七天（包括第七天）的平均值。

```
## 依賴的模組套件
import numpy as np

## 感測器資料（星期一，二，三，四，五，六，日）
tmp = np.array([1, 2, 3, 4, 3, 4, 4,
                5, 3, 3, 4, 3, 4, 6,
                6, 5, 5, 5, 4, 5, 5])


## 一行程式碼
tmp[6::7] = np.average(tmp.reshape((-1,7)), axis=1)


## 結果
print(tmp)
```

列表 3-20：這一行程式碼在解決問題的過程中，運用了 average 函式、 axis 參數、reshape 操作，以及切取片段賦值的做法

你能自行計算出這段程式碼的輸出結果嗎？

原理說明

資料的形式一開始是由感測值所構成的一維陣列。

第一步，你用這一連串的感測值建立一個一維資料陣列 `tmp`。其中每七個數值，都是代表一個禮拜七天的感測值。

第二步，你用切取片段賦值的方式，試圖替換掉陣列中每個星期天所對應的值。因為星期天是第七天，所以 `tmp[6::7]` 這個寫法就會從原始陣列 `tmp` 的第七個元素開始，選出每個星期天相應的值。

第三步，我們把原本的一維感測值陣列，**重新調整形狀**（*reshape*）變成三橫行七縱列的二維陣列，這樣就可以讓每個星期平均溫度值的計算變得更容易，而計算出來的平均值則會被用來替換掉每個星期天原本的值。由於重新調整了形狀，因此現在你可以直接把每一橫行裡所有的七個值，匯整成一個平均值。在調整陣列的形狀時，只要把 `-1` 與 7 這組 tuple 傳入 `tmp.reshape()` 就可以了，因為這樣等於告訴 NumPy，應該要自動判斷橫行（**第 *0* 軸**）的數量。大體上來說，你只指定了七個縱列，而沒有去管最後會有幾行資料，因此 NumPy 會自行建立一個包含七縱列的陣列，以滿足我們的七縱列條件。在這裡的例子中，重新調整形狀之後就會得到以下的陣列：

```
print(tmp.reshape((-1,7)))
"""
[[1 2 3 4 3 4 4]
 [5 3 3 4 3 4 6]
 [6 5 5 5 4 5 5]]
"""
```

現在每個禮拜都有自己的一行資料，其中每一縱列就代表一周之內每一天的資料。

現在你只要使用帶有 axis 參數的 `np.average()` 函式計算出每 7 天的平均值，就可以把每一行匯整成單一數值：`axis = 1` 的意思就是要 NumPy 把第二軸匯整成單一的平均值。請注意，星期天的值也包含在平均值的計算之中（參見本節一開頭的問題說明）。這就是等式右側所要的結果：

```
print(np.average(tmp.reshape((-1,7)), axis=1))
# [3.4.5.]
```

這一行程式碼的目標，就是要替換掉原本資料中三個星期天的溫度值。所有其他值則應保持不變。我們就來看看最後是否達成了目標。替換掉每個星期天的感測值之後，這一行程式碼最後所得出的結果如下：

```
# [1 2 3 4 3 4 3 5 3 3 4 3 4 4 6 5 5 5 4 5 5]
```

請注意，最後你所得到的還是一個包含所有溫度感測值的一維 NumPy 陣列。不過現在你已經改用更具代表性的數值，替換掉原本比較不具代表性的讀數。

總結來說，本節的一行程式碼旨在強化各位關於陣列形狀與重新調整形狀的概念，以及如何在匯整型函式（例如 `np.average()`）運用 `axis` 屬性。儘管這裡的運用方式相當具有特定性，但即使在其他情況下，這種做法還是很好用的。接下來，你將學習到一個超級通用的概念：在 NumPy 中進行排序。

何時該用 sort() 函式、何時該用 argsort() 函式

「排序」這件事在許多情況下很有用處，有時甚至扮演極為關鍵的角色。譬如你想在書架搜尋 《*Python One-Liners*》這本書。如果你的書架是按照書名字母順序排列，想找到書就會容易許多。

本節打算向你展示的是，如何在一行程式碼中運用 NumPy 進行排序。

基礎

「排序」是某些更進階應用的核心，例如各種商業計算、作業系統的行程調度（優先級佇列）、搜尋演算法等等。幸運的是，NumPy 提供了各種排序演算法。預設採用的是相當受歡迎的 *Quicksort*（快速排序）演算法。到了第 6 章，你就會學到如何自行實作出 Quicksort 演算法。不過，這裡的一行程式碼會採用比較高階的做法，先把排序函式視為一個黑盒子，只要把資料放入 NumPy 陣列，就可以得出已排序過的 NumPy 陣列。

圖 3-1 顯示的就是把未排序陣列轉換成已排序陣列的演算法。這就是 NumPy 的 sort() 函式最原始的目的。

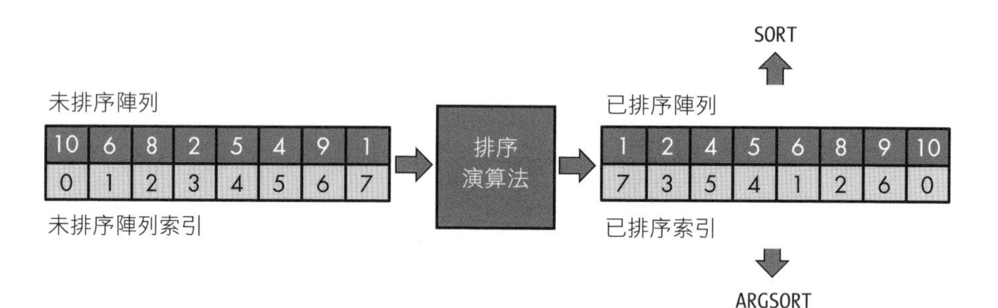

圖 3-1：sort() 與 argsort() 這兩個函式的區別

不過，把未排序陣列轉換成已排序陣列之後，相應索引的排列結果通常也是很重要的資訊。舉例來說，未排序陣列裡的元素值 1，相應的索引為 7。後來 1 這個陣列元素值變成已排序陣列裡的第一個元素，因此索引 7 也成為了已排序索引的第一個元素。這其實就是 NumPy 的 argsort() 函式所做的事情：它會建立一個新陣列，保存著原始索引值在排序之後最新的排列狀況（參見圖 3-1 的範例）。用比較粗略的方式來說，我們其實可以利用這些索引，對原始陣列中的元素進行排序。只要有了此陣列，你不但可以重建出已排序陣列，也可以重建出原始陣列。

列表 3-21 示範的就是 NumPy 的 sort() 與 argsort() 的用法。

```
import numpy as np


a = np.array([10, 6, 8, 2, 5, 4, 9, 1])

print(np.sort(a))
# [ 1  2  4  5  6  8  9 10]

print(np.argsort(a))
# [7 3 5 4 1 2 6 0]
```

列表 3-21：NumPy 的 sort() 與 argsort() 函式

這裡先建立一個未排序的陣列 a，然後用 np.sort(a) 進行排序，再用 np.argsort(a) 取得原始索引值在排序之後最新的排列順序。NumPy 的 sort() 函式與 Python 內建的 sorted() 函式不同之處在於，sort() 也可以針對多維陣列進行排序！

圖 3-2 顯示的就是 sort() 針對二維陣列進行排序的兩種做法。

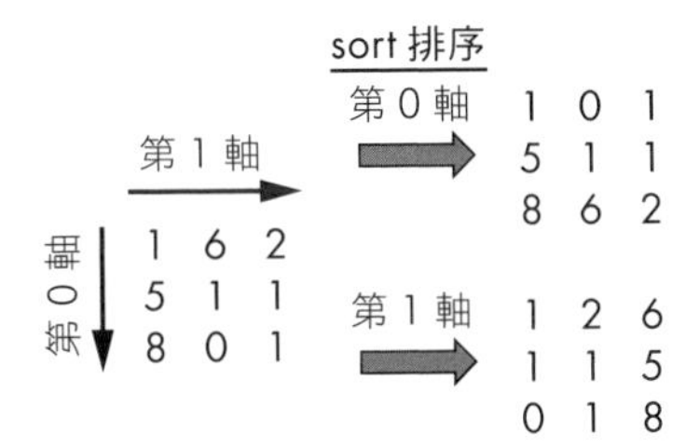

圖 3-2：沿著軸進行排序

這個陣列有兩個軸：第 0 軸（有許多橫行）與第 1 軸（有許多縱列）。你可以沿第 0 軸進行排序（**垂直排序**），也可以沿第 1 軸進行**排序**（**水平排序**）。一般來說，axis 這個關鍵字就是用來定義你執行 NumPy 操作時所沿著的方向。列表 3-22 顯示的就是 axis 不同設定值所達到的效果。

```
import numpy as np


a = np.array([[1, 6, 2],
              [5, 1, 1],
              [8, 0, 1]])

print(np.sort(a, axis=0))
"""
[[1 0 1]
 [5 1 1]
 [8 6 2]]
"""

print(np.sort(a, axis=1))
```

```
"""
[[1 2 6]
 [1 1 5]
 [0 1 8]]
"""
```

列表 3-22：沿著不同的 axis（軸）進行排序

這個可有可無的 axis 參數，可協助你沿著限定的方向對 NumPy 陣列進行排序。在第一個例子中，我們針對每一個縱列，從最小值開始進行排序。第二個例子則是針對每一橫行進行排序。相較於 Python 內建的 sorted() 函式，這就是 NumPy 的 sort() 函式最主要的獨特優勢。

程式碼

這裡的一行程式碼可以找出 SAT 分數最高前三名學生的名字。請注意，你要的是學生的名字，而不是已排序過的 SAT 分數。你可以先查看一下資料，再看看能否自行寫出相應的一行程式碼。寫好你自己的程式碼之後，再看看列表 3-23 的寫法。

```
## 依賴的模組套件
import numpy as np


## 資料：不同學生的 SAT 成績
sat_scores = np.array([1100, 1256, 1543, 1043, 989, 1412, 1343])
students = np.array(["John", "Bob", "Alice", "Joe", "Jane", "Frank",
"Carl"])


## 一行程式碼
top_3 = students[np.argsort(sat_scores)][:-4:-1]


## 結果
print(top_3)
```

列表 3-23：這一行程式碼使用了 argsort() 函式，並運用了負值 step 切取片段的做法照慣例，請先嘗試推測一下輸出的結果。

原理說明

我們的初始資料是由學生的 SAT 分數所構成的一維資料陣列，以及另一個由學生名字所構成的一維陣列。舉例來說，John 的 SAT 分數就是 1100，而 Frank 的 SAT 分數則是 1412。

我們的任務就是找出三個分數最高的學生名字。你在實現此一目標時，並不只是單純針對 SAT 分數進行排序，而是透過 argsort() 函式來取得原始索引在排序之後最新的排列位置。

下面就是 SAT 分數丟進 argsort() 函式之後所得到的輸出：

```
print(np.argsort(sat_scores))
# [4 3 0 1 6 5 2]
```

你需要這些索引值，因為你還必須從 students 陣列中找出學生的名字，而這些名字所對應的是原始的索引位置。前面所輸出的第一位置是 4 這個索引，因為 Jane 的 SAT 分數是最低的 989 分。請注意，sort() 與 argsort() 都是以升序的方式排序，也就是從最低排到最高值。

現在你已經取得排序之後相應的索引值，接下來就可以針對 student 陣列進行索引取值，以取出相應學生的名字：

```
print(students[np.argsort(sat_scores)])
# ['Jane' 'Joe' 'John' 'Bob' 'Carl' 'Frank' 'Alice']
```

這裡用到了 NumPy 函式庫其中一個很有用的功能：我們可以運用進階索引的方式，讓一個序列重新進行排序。你只要指定一連串的索引值，就可以觸發 NumPy 的進階索引方式，送回一個新的 NumPy 陣列，而這個陣列將會根據索引的順序，重新排列元素的順序。舉例來說，`students[np.argsort(sat_scores)]` 這個指令就相當於 `students [[4 3 0 1 6 5 2]]` 的效果，因此 NumPy 會建立一個新陣列如下：

```
[students[4]  students[3]  students[0]  students[1]  students[6]  students[5]  students[2]]
```

根據這個結果你就可以知道，Jane 的 SAT 分數最低，而 Alice 的 SAT 分數最高。剩下的唯一工作，就是透過簡單的切取片段做法，用反轉列表的方式取出前三名學生的名字：

```
## 一行程式碼
top_3 = students[np.argsort(sat_scores)][:-4:-1]


## 結果
print(top_3)
# ['Alice' 'Frank' 'Carl']
```

Alice、Frank 與 Carl 得到了最高的 SAT 分數，分別為 1543、1412 與 1343。

總結來說，你已學會如何應用兩個重要的 NumPy 函式：`sort()` 與 `argsort()`。接下來我們會在一個實際的資料科學問題中，運用布林索引與 lambda 函式，更進一步提高我們對 NumPy 索引與切取片段做法的理解。

如何用 lambda 函式與布林索引來篩選陣列

現實世界裡的資料其實充滿了雜訊。身為一個資料科學家，你的價值就是要擺脫雜訊、讓資料更容易存取、進而挖掘出其中的意義。因此，對於現實世界的資料科學任務來說，篩選資料的工作至關重要。我們在本節將學習到如何在一行程式碼中，創造出一個最小的篩選函式。

基礎

如果想在一行程式碼內建立函式，一定會用到 *lambda* 函式。我們在第 2 章就已經知道，lambda 函式是一種匿名函式，可以在一行程式碼內定義如下：

```
lambda 參數：表達式
```

我們可以用逗號隔開的方式定義多個參數，以做為函式的輸入。然後 lambda 函式就可以用表達式來求值，並送回相應的結果。

接著就來探索一下，如何運用 lambda 函式的定義方式，建立一個篩選函式以解決我們的問題。

程式碼

請考慮列表 3-24 所要處理的這個問題：建立一個篩選函式，讓我們可以送入書籍評分資料 x 與最低評分 y，然後送回一個「可能成為暢銷書」的書籍列表，其中所有書籍的評分皆高於最低評分 y' > y。

```
## 依賴的模組套件
import numpy as np


## 資料（每一行都是 [ 書名 , 評分 ]）
books = np.array([['Coffee Break NumPy', 4.6],
                  ['Lord of the Rings', 5.0],
                  ['Harry Potter', 4.3],
                  ['Winnie-the-Pooh', 3.9],
                  ['The Clown of God', 2.2],
                  ['Coffee Break Python', 4.7]])


## 一行程式碼
predict_bestseller = lambda x, y : x[x[:,1].astype(float) > y]
```

```
## 結果
print(predict_bestseller(books, 3.9))
```

列表 3-24：這一行程式碼會運用到 lambda 函式、型別轉換與布林運算符號

在繼續之前，不妨先猜一下這段程式碼的輸出結果。

原理說明

我們的資料是一個二維 NumPy 陣列，其中每一行都包含書名與相應的使用者評分平均值（介於 0.0 到 5.0 之間的一個浮點數）。這個書籍評分資料集裡頭總共有六本書。

我們的目標就是建立一個篩選函式，可以把書籍評分資料集 x 與門檻值 y 做為輸入，然後送回評分高於門檻值 y 的所有書籍。這裡姑且把門檻值設定為 3.9。

你只要定義一個匿名 lambda 函式就能實現此目的，這個函式會送回下面這個表達式的計算結果：

```
x[❶x[:,1] ❷.astype(float)❸> y]
```

這裡的 x 陣列就是我們的書籍評分陣列 books，其中有兩個縱列。為了要取得有可能成為暢銷書的書籍列表，我們採用了類似列表 3-17 的進階索引做法。

第一步，我們先從 x 這個 NumPy 陣列切取出其中保存書籍評分的第二縱列❶，然後用 astype(float) 這個方法把它轉換成一個浮點數陣列❷。這是一個必要的動作，因為初始陣列 x 是由混合的資料型別（浮點數與字串）所組成。

第二步，我們會建立一個布林陣列，其中若書籍的評分大於 y，相應的值就是 True ❸。請注意，浮點數 y 在這裡會先透過撒播機制轉換成一個新的 NumPy 陣列，讓「`>`」這個布林運算符號兩邊的運算對象具有相同的形狀。到這裡為止，你已創建出一個布林陣列，其中的真假值已明確指出哪幾本書可視為暢銷書：`x [:, 1].astype(float)>y = [True True True False False True]`。如此看來，前三本書與最後一本書應該都是暢銷書。

第三步，我們再用這個布林陣列做為原始書籍評分陣列的索引陣列，藉此篩選出評分高於門檻值的所有書籍。更具體來說，我們就是用 `x[[True True True False False True]]` 這個布林索引來取出原始陣列的一個子陣列，其中只會有四本書：也就是布林值為 `True` 的相應書籍。這樣就可以得出這一行程式碼最終的輸出如下：

```
## 結果
print(predict_bestseller(books, 3.9))
"""
[['Coffee Break NumPy' '4.6']
 ['Lord of the Rings' '5.0']
 ['Harry Potter' '4.3']
 ['Coffee Break Python' '4.7']]
"""
```

總結來說，現在你已學會如何只靠布林索引與 lambda 函式來篩選資料。接下來我們再深入探討邏輯運算符號，並學習一個很好用的技巧，用更簡潔的方式編寫出 and（且）邏輯運算。

如何運用統計、數學與邏輯，建立高級陣列篩選器

本節打算向你展示一種最基本的異常值偵測演算法：如果觀測值與平均值之間的偏差量大於標準差，就把它視為**異常值**（*outlier*）。我們會探討一個網站資料分析範例，根據網站的活躍使用者數量、跳出率（bounce rate）與平均 session 持續使用時間（以秒為單位），做出相應的判斷。（**跳出率**指的是造訪網站之後立即離開的造訪者百分比。很

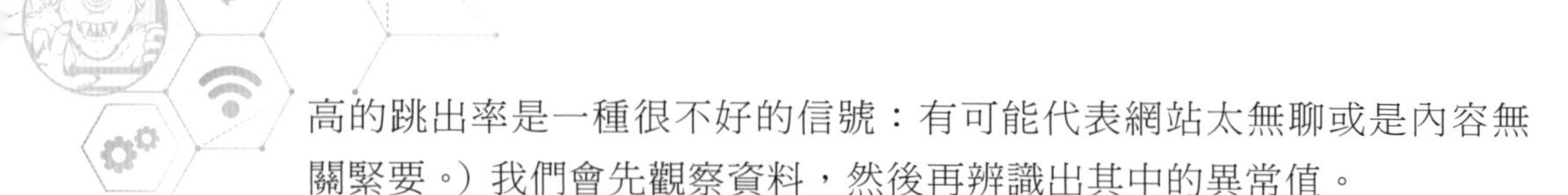

高的跳出率是一種很不好的信號：有可能代表網站太無聊或是內容無關緊要。）我們會先觀察資料，然後再辨識出其中的異常值。

基礎

為了解決異常值偵測的問題，你必須先學習三個基本技能：瞭解平均值與標準差、計算絕對值、執行 and 邏輯運算。

瞭解平均值與標準差

第一個基本技能是，先學習運用幾個基本的統計數字，慢慢發展出我們對異常值的定義。這裡會先做出以下的基本假設：所有觀察到的資料都是以平均值為中心形成常態的分佈。舉例來說，考慮以下這一大串的資料值：

```
[ 8.78087409 10.95890859  8.90183201  8.42516116  9.26643393 12.52747974
  9.70413087 10.09101284  9.90002825 10.15149208  9.42468412 11.36732294
  9.5603904   9.80945055 10.15792838 10.13521324 11.0435137  10.06329581
-- 中間省略 --
 10.74304416 10.47904781]
```

如果把這一大串資料的直方圖繪製出來，就得到圖 3-3 的結果。

這堆資料似乎很符合**常態分佈**，其中**平均值**為 10，**標準差**則為 1。平均值可以用 μ 這個符號來表示，代表所有值的平均值。標準差可用 σ 這個符號來表示，它衡量的是這整組資料在平均值附近變動的程度。根據定義，如果資料符合真正的常態分佈，應該就會有 68.2% 的樣本值落在一個標準差 $[\omega_1 = \mu - \sigma, \omega_2 = \mu + \sigma]$ 的範圍之內。我們可以用這個範圍來做為異常值的判斷基準：只要落在這個範圍以外，就把它視為異常值。

在下面的範例中，我們先根據常態分佈（$\mu = 10, \sigma = 1$）生成一堆資料，其結果大多落在 $\omega_1 = \mu - 1 = 9$ 和 $\omega_2 = \mu + 1 = 11$ 的區間之內。接下來再假設，**任何落在平均值與標準差所定義區間以外的觀察值**，全

都屬於異常值。以我們的資料來說，只要是落在 [9,11] 這個區間以外的值，全都屬於異常值。

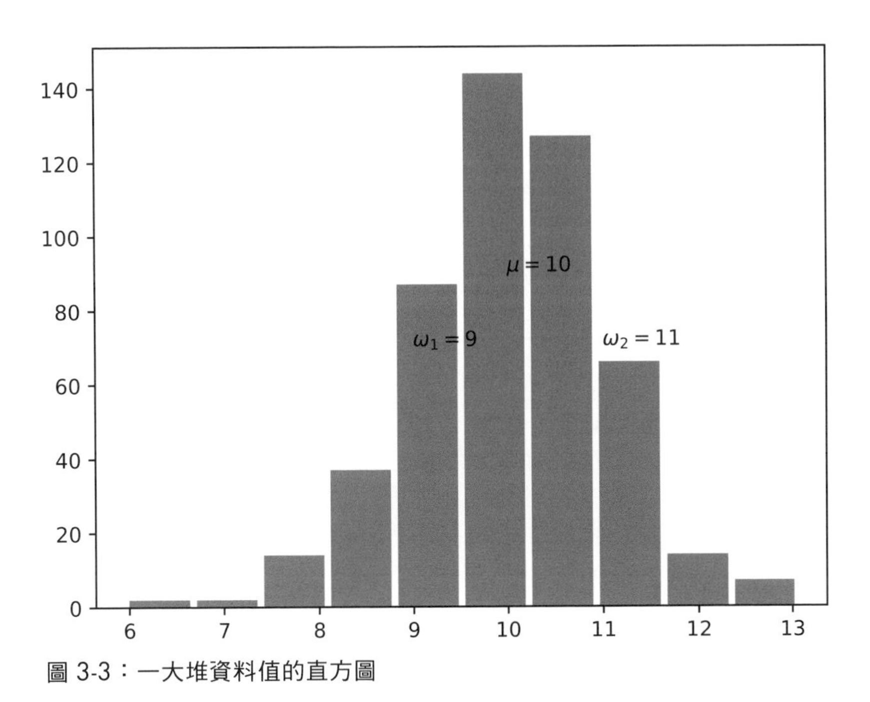

圖 3-3：一大堆資料值的直方圖

列表 3-25 顯示的就是我們用來生成圖形的簡單程式碼。你能找出其中定義平均值與標準差的程式碼嗎？

```
import numpy as np
import matplotlib.pyplot as plt

sequence = np.random.normal(10.0, 1.0, 500)
print(sequence)

plt.xkcd()
plt.hist(sequence)
plt.annotate(r"$\omega_1=9$", (9, 70))
plt.annotate(r"$\omega_2=11$", (11, 70))
plt.annotate(r"$\mu=10$", (10, 90))
plt.savefig("plot.jpg")
plt.show()
```

列表 3-25：用 Matplotlib 函式庫畫出直方圖

這段程式碼後半段顯示的主要是運用 Matplotlib 函式庫繪製直方圖的做法。不過那並不是本節的重點；我們真正想強調的是如何建立前面的那一堆資料值。

只要匯入 NumPy 函式庫並運用 `np.random` 模組，就可以利用 `normal(mean, deviation, shape)` 這個函式建立一個新的 NumPy 陣列，其中的值全都是在給定的平均值（mean）與標準差（deviation）條件下，根據常態分佈隨機取樣而來。我們就是在這個函式裡設定平均值 `mean = 10.0` 和標準差 `deviation = 1.0`，創建出一大堆的隨機資料。在這個例子裡設定 `shape = 500`，就表示我們只想建立一個內有 500 個資料點的一維資料陣列。其餘的程式碼則是匯入特殊的 xkcd 繪圖風格 `plt.xkcd()`，然後用 `plt.hist(sequence)` 來繪製資料的直方圖，並在圖中添加說明，最後輸出最終的圖形。

NOTE xkcd 這個繪圖風格的名稱，取自一個很受歡迎的網路漫畫頁面 xkcd（*https://xkcd.com/*）。

在深入探討本節的一行程式碼之前，我們還要再快速檢視一下此任務所需的另外兩個基本技能。

計算絕對值

第二個基本技能是，我們需要把負值變成正值，以便檢查每個異常值偏離平均值的程度，有沒有超過標準差的值。我們只想知道絕對的偏差量，至於偏差量的正負則不感興趣。這就是所謂的取**絕對值**。列表 3-26 就是利用 NumPy 函式計算出原始值的絕對值，以創建出另一個新的 NumPy 陣列。

```
import numpy as np


a = np.array([1, -1, 2, -2])

print(a)
# [ 1 -1  2 -2]
```

```
print(np.abs(a))
# [1 1 2 2]
```

列表 3-26：運用 NumPy 計算絕對值

np.abs() 這個函式會把 NumPy 陣列裡的負值，全部轉換成相應的正值。

執行 and 邏輯運算

第三個基本技能是，運用 NumPy 函式執行元素級的 *and* 邏輯運算，把 a 與 b 這兩個布林陣列合併成一個結果陣列，其中包含每個相應元素執行 and 邏輯運算之後的布林值結果（參見列表 3-27）。

```
import numpy as np


a = np.array([True, True, True, False])
b = np.array([False, True, True, False])

print(np.logical_and(a, b))
# [False  True  True False]
```

列表 3-27：對兩個 NumPy 陣列套用 and 邏輯運算

上面的做法是利用 np.logical_and(a, b) 函式，把陣列 a 裡的第 *i* 個元素與陣列 b 裡的第 *i* 個元素結合起來。結果也是一個布林值陣列，其中兩個運算對象 a[i] 與 b[i] 如果都是 True，相應的布林值就是 True，否則就是 False。如此一來，你就可以運用標準邏輯運算，把多個布林陣列合併成單一布林陣列。這個做法其中一種很有用的應用方式，就是可以把很多個**布林篩選器陣列**合併成一個（也就是本節一行程式碼所採用的做法）。

特別值得一提的是，我們也可以把 a 與 b 這兩個布林陣列**直接進行相乘**，其結果完全等效於 np.logical_and(a, b) 操作。因為 Python 會把 True 值用整數值 1 來表示（實際上也有可能是任何非 0 的整數值），False 值則用整數值 0 來表示。任何數乘以 0 一定等於 0，因此就會得出 False 的結果。這也就表示，唯有當所有運算對象全都是 True，才會得到 True 的結果（> 0 的整數值）。

有了以上這些基本技能之後，你應該就有能力充分理解以下的一行程式碼了。

程式碼

這一行程式碼可找出所有的「異常日」（outlier day）；如果當天的每一個統計數值偏離其平均值的程度，全都超出了相應標準差的值，那一天就會被視為「異常日」。

```
## 依賴的模組套件
import numpy as np


## 網站分析資料：
## （每一天對應一橫行），（每一縱列分別對應使用者數量、跳出率、持續使用時間）
a = np.array([[815, 70, 115],
              [767, 80, 50],
              [912, 74, 77],
              [554, 88, 70],
              [1008, 65, 128]])
mean, stdev = np.mean(a, axis=0), np.std(a, axis=0)
# [811.2  76.4  88. ], [152.97764543   6.85857128  29.04479299]


## 一行程式碼
outliers = ((np.abs(a[:,0] - mean[0]) > stdev[0])
            * (np.abs(a[:,1] - mean[1]) > stdev[1])
            * (np.abs(a[:,2] - mean[2]) > stdev[2]))



## 結果
print(a[outliers])
```

列表 3-28：這一行程式碼運用到平均值、標準差的相應函式，並透過撒播機制執行布林運算你能猜出這段程式碼的輸出嗎？

原理說明

本節的資料集是由代表不同日期的橫行以及三個縱列所組成，三個縱列分別代表每日活躍使用者的數量、跳出率與平均 session 持續使用時間（以秒為單位）。

我們必須針對每一縱列，計算出相應的平均值與標準差。舉例來說，「每日活躍使用者」這個縱列的平均值為 811.2，其標準差為 152.97。請注意，這裡使用 `axis` 參數的方式，與第 85 頁「**用撒播機制、切取片段賦值和重新調整形狀的技巧，清理陣列中每一個第 *i* 元素**」的用法是一樣的。

我們的目標是偵測出三個縱列全都出現異常值的網站記錄。對於「每日活躍使用者」這個縱列來說，只要觀測值小於 811.2 – 152.97 = 658.23 或大於 811.2 + 152.23 = 963.43，就會被視為異常值。

不過，唯有當觀察到的三個縱列全都是異常值時，我們才會把這一整天視為「異常日」。我們可以利用相乘的方式達到 and 邏輯運算的效果，把三個布林陣列結合起來。最後的結果只有一行資料，其中三個縱列的值全都是異常值：

```
[[1008   65  128]]
```

總結來說，你已經學會如何運用 NumPy 的 and 邏輯運算方式，執行基本的異常值偵測，而且還用到了 NumPy 函式庫裡的一些簡單統計做法。接下來你就可以學習到 Amazon 成功的秘訣：提出商品購買的相關建議。

簡單的關聯性分析：購買 X 的人也購買了 Y

你是否曾購買過 Amazon 演算法所推薦的商品？推薦演算法通常是以一種叫做**關聯分析**（*association analysis*）的技術做為其基礎。我們在本節就會學習到關聯分析的基本概念，一腳踏入推薦系統的深淵之中。

基礎

關聯分析主要是根據客戶的歷史資料，例如 Amazon 就有「購買 *x* 的人也購買了 *y*」這樣的資料。這種不同商品之間的關聯性，可說是一種強而有力的市場行銷概念，它不僅可以把相關與互補的商品聯繫起來，還可以為客人提供「**社群掛保證**」的元素，因為知道有別人買過某商品，你在購買該商品時通常就會更放心。這可說是行銷人員絕佳的工具。

我們就來看一下圖 3-4 的實際範例。

Alice	✗	✓	✓	✓	✗
Bob	✓	✗	✓	✗	✓
Louis	✗	✓	✓	?	✗
Larissa	✓	✓	✗	✓	✗

圖 3-4：「商品 - 客戶」矩陣：哪個客戶購買了哪個商品？

Alice（愛麗絲）、Bob（鮑勃）、Louis（路易斯）與 Larissa（拉里莎）這四個客戶各自購買了以下幾種商品的不同組合：書籍、遊戲、足球、筆記型電腦、耳機。想像一下，假設你已經知道其他四個人都購買了哪些商品，唯獨不知道 Louis 有沒有購買筆記型電腦。你會怎麼想：Louis 有可能會購買筆記型電腦嗎？

關聯分析（或協作篩選 *collaborative filtering*）可以針對這個問題提供解答。基本的假設是，如果有兩個人過去曾表現出類似的行為（例如購買了類似的商品），這兩個人未來就比較有可能繼續表現出類似的行為。Louis 的購買行為與 Alice 很類似，而 Alice 確實有購買筆記型電腦。因此，推薦系統應該可以預測 Louis 也可能會想購買筆記型電腦。

下面的程式碼，把這個問題進行了簡化。

程式碼

請考慮以下問題：有百分之幾的客戶，會同時購買兩本電子書？只要根據這樣的資料，推薦系統或許就可以在客戶原本只打算購買一本書的情況下，向客戶提供「合購」其他書籍的建議。參見列表 3-29。

```
## 依賴的模組套件
import numpy as np


## 資料：每一橫行對應一個客戶的購買記錄
## row = [ 課程 1, 課程 2, 電子書 1, 電子書 2]
## 1 這個值代表曾購買過該項目。
basket = np.array([[0, 1, 1, 0],
                   [0, 0, 0, 1],
                   [1, 1, 0, 0],
                   [0, 1, 1, 1],
                   [1, 1, 1, 0],
                   [0, 1, 1, 0],
                   [1, 1, 0, 1],
                   [1, 1, 1, 1]])


## 一行程式碼
copurchases = np.sum(np.all(basket[:,2:], axis = 1)) / basket.shape[0]


## 結果
print(copurchases)
```

列表 3-29：這一行程式碼運用到切取片段的做法、axis 參數、shape 屬性，並用撒播機制執行了一些陣列基本運算

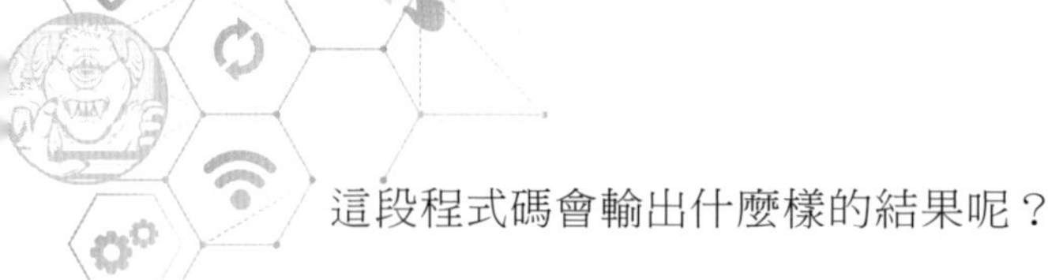

這段程式碼會輸出什麼樣的結果呢？

原理說明

bucket 這個資料陣列其中每一橫行代表一個客戶，每一縱列則代表一種商品。縱列索引 0 與 1 的前兩種商品都是線上課程，縱列索引 2 與 3 的後兩種商品則是電子書。`(i, j)` 單元格裡的值若為 `1` 就表示客戶 `i` 購買了該商品 `j`。

我們的任務就是找出同時購買這兩本電子書的客戶所佔的比例，所以我們只對第 2 與第 3 縱列感興趣。因此，我們先從原始陣列中切取出相關的縱列，得到以下的子陣列：

```
print(basket[:,2:])
"""
[[1 0]
 [0 1]
 [0 0]
 [1 1]
 [1 0]
 [1 0]
 [0 1]
 [1 1]]
"""
```

這個新陣列只包含第三與第四縱列的資料。

NumPy 的 `all()` 函式可用來檢查 NumPy 陣列裡的值，看看是否所有的值均為 `True`。如果所有值均為 True，就會送回 `True` 的結果。否則的話，就會送回 `False` 的結果。搭配 `axis` 參數一起運用時，這個函式就會沿著指定的軸執行相應的操作。

NOTE 你應該也有注意到，`axis` 這個參數在許多 NumPy 函式中不斷重複出現，因此很值得你多花點時間正確理解 `axis` 參數的用法。各種不同的匯整型函式（這裡的例子就是 `all()`）都會根據所指定的軸，把所有數值匯整成單一的值。

因此，針對子陣列套用 `all()` 函式的結果如下：

```
print(np.all(basket[:,2:], axis = 1))
# [False False False  True False False False  True]
```

用簡單的白話來說：只有第四個與最後一個客戶同時購買了兩本電子書。

由於你感興趣的是這樣的客戶所佔的比率，因此你先對這個布林陣列求和，得出總和為 2，再除以客戶的總數量 8。結果為 0.25，這就是同時購買兩本電子書的客戶所佔的比例。

總結來說，現在你對 NumPy 的一些基礎知識（例如 `shape` 屬性與 `axis` 參數）已經有了更深的理解，也知道如何運用這些做法，分析不同商品合購的情況。接下來我們會繼續使用此範例，結合 NumPy 與 Python 的一些特殊功能（**撒播機制與解析式列表**），學習一些更進階的陣列匯整技術。

用中級關聯分析技巧找出暢銷產品組合

接著我們就來更詳細探討一下「關聯分析」這個主題。

基礎

重新考慮一下前一節的範例：你的客戶在四種不同商品所構成的組合中，各自購買了其中一些商品。貴公司想提高相關商品的銷售（向客戶推薦可合購的相關商品）。你可以針對每一種商品組合，計算出同一個客戶合購的頻率，然後找出其中最常被合購的兩種商品。

針對這個問題，你已經學會全部所需的知識，所以我們就直接進入重點吧！

程式碼

這一行程式碼的目的，就是找出最常被合購的兩種商品；參見列表 3-30。

```
## 依賴的模組套件
import numpy as np


## 資料：每一橫行對應一個客戶的購物記錄
## row = [ 課程 1, 課程 2, 電子書 1, 電子書 2]
## 1 這個值代表曾買過該項目。
basket = np.array([[0, 1, 1, 0],
                   [0, 0, 0, 1],
                   [1, 1, 0, 0],
                   [0, 1, 1, 1],
                   [1, 1, 1, 0],
                   [0, 1, 1, 0],
                   [1, 1, 0, 1],
                   [1, 1, 1, 1]])


## 一行程式碼（拆成兩行）
copurchases = [(i,j,np.sum(basket[:,i] + basket[:,j] == 2))
               for i in range(4) for j in range(i+1,4)]

## 結果
print(max(copurchases, key=lambda x:x[2]))
```

列表 3-30：這一行程式碼在 max() 函式的 key 參數中使用了 lambda 函式，而且還運用到解析式列表，並透過撒播機制執行布林運算

這一行程式碼會輸出什麼樣的結果呢？

原理說明

這裡的資料陣列是由購買歷史資料所組成，每一橫行代表一個客戶，每一縱列則代表一種商品。我們的目標就是取得一個 tuple 元組列表：其中每個 tuple 元組就代表一個商品組合，以及該組合被合購的次數。

列表裡的每一個 tuple 元素，其中前兩個值都是縱列索引值（代表兩種商品所構成的組合），第三個值則是這兩種商品被合購的次數。舉例來說，`(0, 1, 4)` 這個 tuple 元組就表示*商品 0* 與*商品 1* 被合購的次數為 4 次。

這個目標如何實現呢？我們就來分解以下的一行程式碼，在這裡先稍微重新調整一下格式，因為原本的程式碼太長了，一行不太放得下：

```
## 一行程式碼（拆成兩行）
copurchases = [(i,j,np.sum(basket[:,i] + basket[:,j] == 2))
               for i in range(4) for j in range(i+1,4)]
```

你可以看到外部的格式 `[(..., ..., ...) for ... in ... for ... in ...]`，其實就是運用解析式列表建立一個 tuple 元組列表（參見第 2 章）。你真正感興趣的是原始陣列的四個縱列，任取其中兩個縱列索引，組合成許多唯一而不重複的組合。這就是本節一行程式碼外圍部分所要得出的結果：

```
print([(i,j) for i in range(4) for j in range(i+1,4)])
# [(0, 1), (0, 2), (0, 3), (1, 2), (1, 3), (2, 3)]
```

我們可以看到，這個列表裡會有六個 tuple 元組，其中每個元組都是由兩個縱列索引所組成的唯一組合。

這個部分瞭解之後，我們就可以再來探討 tuple 元組的第三個元素：`i` 與 `j` 這兩種商品被合購的次數：

```
np.sum(basket[:,i] + basket[:,j] == 2)
```

這裡用切取片段的做法，從原始陣列中提取出 `i` 與 `j` 這兩個縱列。然後，把兩個縱列裡相應的兩個元素值逐一進行相加。針對所得出的結果陣列，再逐個元素檢查其總和是否等於 2；如果是的話，就表示兩個縱列相應元素值都是 1，也就是客戶合購了這兩種商品的意思。最後的結果會得出一個布林陣列，其中相應的客戶如果確實合購了兩種商品，相應的值就是 `True`。

我們會把所得出的 tuple 元組，全都保存在 `copurchases`（合購）這個列表之中。以下就是這個列表裡的所有元素：

```
print(copurchases)
# [(0, 1, 4), (0, 2, 2), (0, 3, 2), (1, 2, 5), (1, 3, 3), (2, 3, 2)]
```

現在就只剩下一件事了：找出最常被合購的兩種商品：

```
## 結果
print(max(copurchases, key=lambda x:x[2]))
```

我們是用 `max()` 函式來找出列表中最大的元素。這裡會定義一個 key 函式，該函式可接受一個元組，並送回元組內的第三個值（合購次數），最後 max() 函式再根據這些送回來的值，判斷哪一個才是最大的元素。最後一行程式碼的輸出結果如下：

```
## 結果
print(max(copurchases, key=lambda x:x[2]))
# (1, 2, 5)
```

商品 #1 與商品 #2 總共被合購了五次。其他商品組合都沒能達到如此高的合購效果。因此，你可以告訴你的老闆，當客戶購買*商品 #1* 時可以問客戶要不要再加購*商品 #2*，反之亦然。

總結來說，你在本節已更熟悉各種 Python 與 NumPy 的核心功能（例如撒播機制、解析式列表、lambda 函式與 key 參數）。若能有效結合多種語言相關的元素、功能與程式碼編寫技巧，通常就能更強化 Python 程式碼的表達能力。

小結

你在本章學習到許多 NumPy 的基礎知識，例如陣列、形狀、軸、型別、撒播機制、進階索引、切取片段、排序、搜尋、匯整，以及一些統計相關做法。藉由一些重要技術（例如解析式列表、邏輯運算與 lambda 函式）的實務練習，你的 Python 基本技能也得以提升。最後同樣很重要的是，你也因此提高了快速閱讀、理解、編寫簡潔程式碼的能力，而且順便學會了如何處理一些基本的資料科學問題。

我們將繼續保持這種快速的步調，持續學習 Python 領域中各種有趣的主題。接著我們將深入研究機器學習（machine learning）這個令人興奮的主題。你將會學習到一些基本的機器學習演算法，並學習如何運用廣受歡迎的 scikit-learn 函式庫，在一行程式碼中善用其強大的功能。每個機器學習專家都很熟悉 scikit-learn 函式庫。不過，也不必太擔心，你剛累積起來的 NumPy 技能，一定會大大協助你更順利理解接下來即將介紹的各種程式碼。

4

機器學習

監督式機器學習的基礎知識

線性迴歸

邏輯迴歸

K 均值集群處理

K 最近鄰

神經網路分析

決策樹學習

取出變異量最小的資料行

一些基本的統計量

用支撐向量機進行分類

用隨機森林進行分類

幾乎在資訊科學的所有領域，都能找到機器學習的身影。過去幾年間，我參加過各種資訊科學研討會，內容包括分散式系統、資料庫、串流處理等領域；不管我走到哪裡，都會碰到機器學習的議題。甚至在某些研討會中，大家所提出的研究構想，竟有一半以上必須仰賴機器學習方法。

身為一個資訊科學家，你一定要瞭解基本的機器學習相關構想與演算法，才能完善自己的整體技能。本章打算介紹最重要的一些機器學習演算法與方法，並為你提供 10 種相當實用的一行程式碼，讓你可以把那些演算法應用到你自己的專案之中。

監督式機器學習的基礎知識

機器學習主要的目的，就是運用現有資料做出準確的預測。假設你想編寫出一種演算法，可以預測特定股票未來兩天的股價。為了實現此一目標，你就需要訓練一個機器學習模型。但所謂的「**模型**」，究竟是什麼東西呢？

從機器學習使用者的角度來看，機器學習模型看起來就像一個黑盒子（圖 4-1）：你只要放入資料，就可以得出所要的預測。

圖 4-1：機器學習模型，可以用一個黑盒子來表示

在這個模型中，我們會把輸入資料稱之為「特徵（*feature*）」，然後用變數 x 來表示，這個變數 x 有可能是一個數值，也有可能是多維的向量。然後，這個黑盒子就會展現它的魔法，處理你所輸入的資料。稍等片刻之後，你就可以得到預測結果 y，而它就是我們把輸入特徵送入模型之後，所得出的預測輸出結果。以迴歸問題來說，預測結果可能是由一個或多個數值所構成，就像輸入的特徵一樣。

監督式機器學習可分為兩個獨立的階段：訓練（training）階段與推測（inference）階段。

訓練階段

在**訓練階段**，你會告訴你的模型，在給定輸入 x 時，應該要給出什麼樣的輸出 y'。如果模型輸出了預測結果 y，你就會把它與 y' 進行比較；如果兩者並不相同，模型就要做些調整以預測出更接近 y' 的輸出，如圖 4-2 所示。我們就來看一個圖片辨識的範例。假設你訓練出一個模型，可用來預測圖片（輸入）裡的水果名稱（輸出）。舉例來說，假設你所指定的訓練輸入是「香蕉」的圖片，但你的模型做出了錯誤的預測，把圖片辨識成「蘋果」。由於你所期望的輸出與模型的預測結果不同，因此你必須調整你的模型，好讓模型在下一次可以正確預測出「香蕉」的結果。

圖 4-2：機器學習模型的訓練階段

我們會不斷告訴模型，遇到各種不同的輸入必須給出什麼樣的輸出結果，並且持續調整模型，而這個**訓練**模型的過程就會用到許多**訓練資料**。隨著時間不斷累積，模型就會越來越瞭解，你希望它在看到某些輸入時應該給出什麼樣的輸出。這其實就是為什麼資料在 21 世紀如此重要的理由：你的模型只能做到與訓練資料一樣好的程度。如果沒有良好的訓練資料，模型肯定會失敗。大體上我們可以說，這種做法就是靠「訓練資料」監督（supervise）著機器學習的成效。這也就是為什麼我們把它稱之為「**監督式學習**」的理由。

推測階段

在**推測階段**，我們會運用訓練過的模型，送入新的輸入特徵 x，讓它預測出相應的輸出值。請注意，即使是訓練資料內從未觀察過的輸入，模型還是可以預測相應的輸出。舉例來說，水果預測模型在通過**訓練階段**之後，就可以面對從未見過的圖片，辨識出其中的水果名稱（這就是它從訓練資料中學習到的能力）。換句話說，好的機器學習模型會有一種**歸納**（*generalize*）能力：它可以利用訓練資料的經驗，預測出新輸入的相應結果。大體上來說，歸納能力很強的模型可以在面對新的輸入資料時，做出準確的預測。面對沒看過的輸入資料，能以歸納的方式做出預測，可說是機器學習的優勢之一，這也是它在各種廣泛的應用領域大受歡迎的主要理由。

線性迴歸

線性迴歸（*linear regression*）應該是你在機器學習初學者教程中最常看到的一種機器學習演算法。它通常可用來處理**迴歸問題**；在這類問題中，模型可透過現有的資料值，預測出其他漏掉的資料值。對於許多老師和一般人而言，線性迴歸其中一個顯著的優勢，就是它的簡單性。不過這並不表示它無法解決實際的問題！線性迴歸在許多不同的領域（例如市場研究、天文學、生物學）都有許多實際的應用實例。你在本節就會學習到線性迴歸入門所需的一切。

基礎

我們該如何運用線性迴歸，預測出特定日期的股價？在回答這個問題之前，我們先從一些定義開始。

每個機器學習模型都是由模型的參數所組成。**模型參數**就是根據資料所估算出來的內部設定變數。只要給定輸入特徵，這些模型參數就可以決定模型如何精確計算出預測結果。以線性迴歸來說，模型參數也叫做**係數**（*coefficient*）。你可能還記得學校的二維直線公式：$f(x) = ax + c$。a 與 c 這兩個變數就是線性方程式 $ax + c$ 的係數。我們可以藉此描述每個輸入 x 如何轉換成輸出 $f(x)$，如此一來所有輸出就可以用二維空間裡的一條直線來表示。只要使用不同的係數，就可以描述二維空間裡的任何一條直線。

在給定輸入特徵 x_1，x_2，......，x_k 的情況下，線性迴歸模型可以透過以下公式，把這些輸入特徵與係數 a_1，a_2，......，a_k 結合起來，以計算出預測的輸出 y：

$$y = f(x) = a_0 + a_1 \times x_1 + a_2 \times x_2 + \ldots + a_k \times x_k$$

在我們的股票價格範例中，只有單一個輸入特徵 x，代表的是第幾天的意思。當你輸入第 x 天時，希望得到的是第 x 天的股票價格，也就是輸出 y。我們可以把線性迴歸模型簡化成二維直線公式如下：

$$y = f(x) = a_0 + a_1x$$

實際上只需要修改 a_0 與 a_1 這兩個模型參數，就可以得到不同的直線，如圖 4-3 所示。圖中第一軸代表的是輸入 x。第二軸則代表輸出 y。每一條直線則可以用來表示輸入與輸出之間的某種（線性）關係。

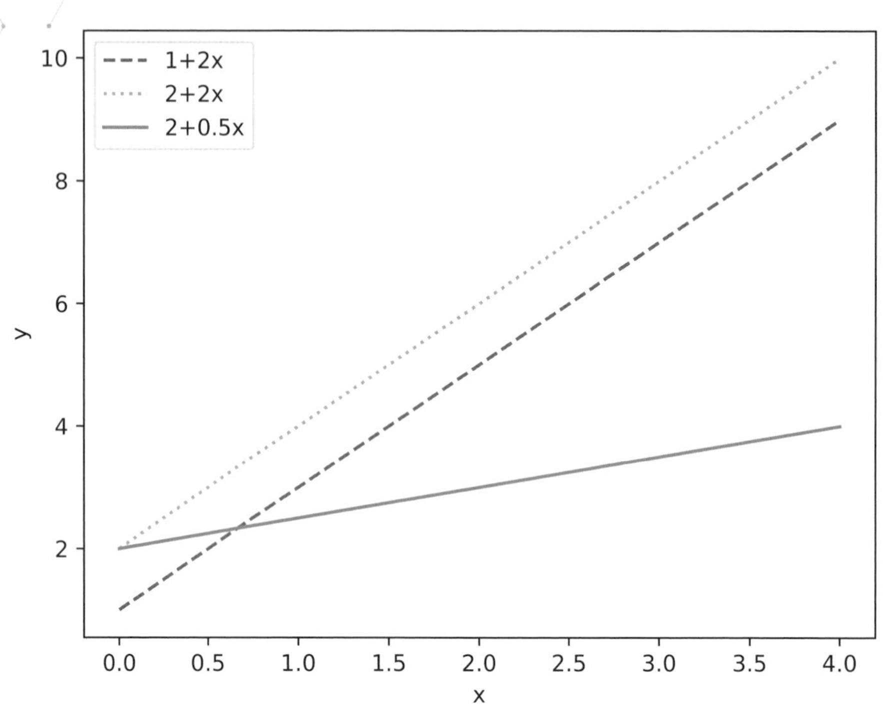

圖 4-3：不同模型參數（係數）所描述的三個線性迴歸模型（直線）。每條直線都可以用來代表輸入變數與輸出變數之間的唯一關係。

在股票價格的範例中，假設我們的訓練資料是三天的索引值 [0，1，2] 與相應的股票價格 [155，156，157]。換句話說：

- 輸入 x = 0 就應該輸出 y = 155
- 輸入 x = 1 就應該輸出 y = 156
- 輸入 x = 2 就應該輸出 y = 157

現在我們來看看，哪一條直線最能符合我們的訓練資料？我先把訓練資料畫到圖 4-4 之中。

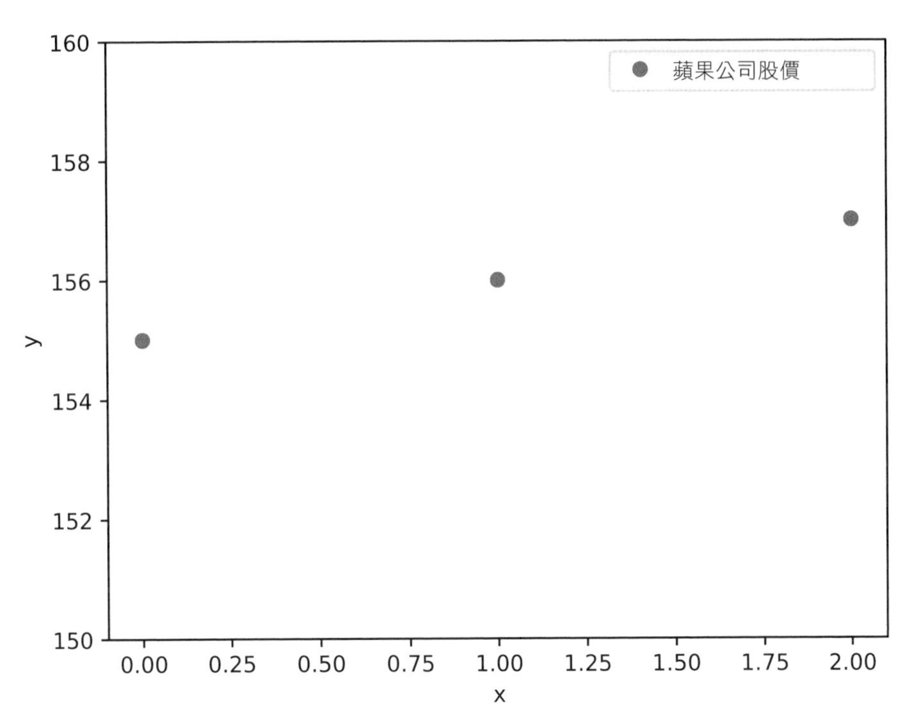

圖 4-4：我們的訓練資料，其中陣列的索引為 x 座標，股票價格則為 y 座標

為了找出最能夠描述資料的直線，從而建立線性迴歸模型，我們需要決定係數的值。這就是機器學習派上用場之處。決定線性迴歸模型參數的主要方法有兩種。第一種方法，你可以透過解析的方式，直接計算出這些點的最佳套入直線（線性迴歸的標準方法）。第二種方法，你可以嘗試無數種不同的模型，針對已標記過（labeled）的樣本資料，對每一種模型進行測試，最後再判斷其中哪一個是最佳的模型。不管是哪一種做法，你都可以採用所謂的**誤差最小化**程序，來判斷什麼叫做「最佳」；模型會把預測值與理想值之間的差值取平方，以做為所謂的誤差，然後利用平方差最小化的技巧，找出能夠讓模型誤差最小化的係數值（也就是選擇可以讓平方差最小化的係數值）。

以我們的範例資料來說，最終所得到的係數 $a_0 = 155.0$、$a_1 = 1.0$。然後你就可以把它們放入線性迴歸的公式之中：

$$y = f(x) = a_0 + a_1x = 155.0 + 1.0 \times x$$

接著可以把直線與訓練資料畫在同一個圖形中，如圖 4-5 所示。

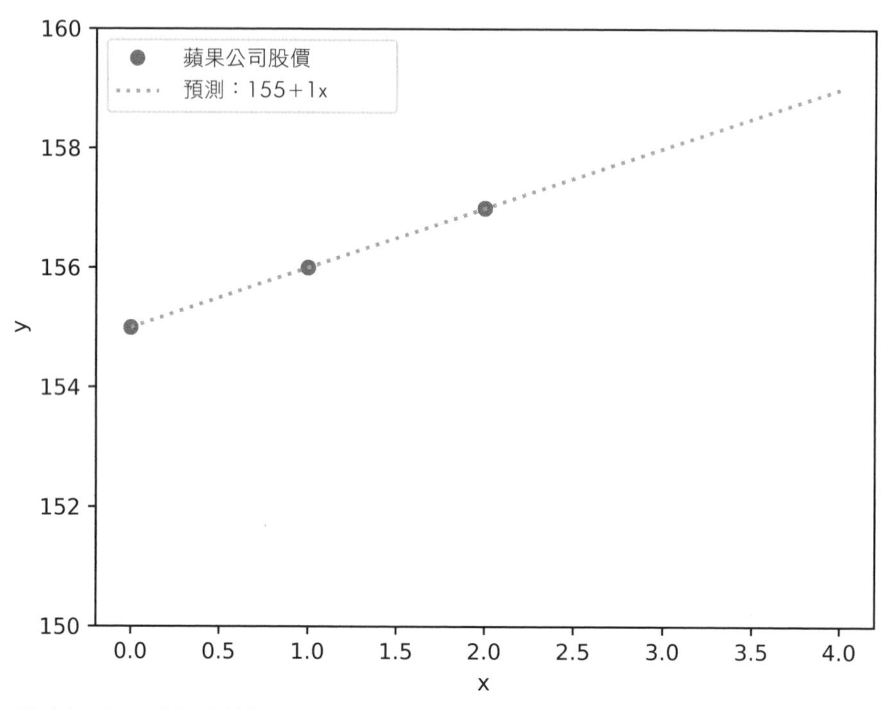

圖 4-5：運用我們的線性迴歸模型，所製作出來的預測直線

完美套入！直線（代表模型的預測）與訓練資料之間的平方距離為零，代表你已經找到可以讓誤差最小化的模型了。只要運用此模型，你就可以預測出任何 x 值所對應的股價。舉例來說，假設你要預測 $x = 4$ 時相應的股票價格。你只需要用模型計算一下 $f(x) = 155.0 + 1.0 \times 4 = 159.0$。第 4 天的預測股價就是 159 美元。當然，這種預測能否準確反映現實世界的情況，那又是另一回事了。

以上就是相關概念的介紹。接著我們就來仔細看看如何在程式碼中實現這些概念。

程式碼

列表 4-1 顯示的是，如何在一行程式碼中，構建出一個簡單的線性迴歸模型（你可能要先在 shell 中執行 `pip install sklearn`，把 scikit-learn 函式庫安裝起來）。

```
from sklearn.linear_model import LinearRegression
import numpy as np

## 資料（蘋果公司的股價）
apple = np.array([155, 156, 157])
n = len(apple)

## 一行程式碼
model = LinearRegression().fit(np.arange(n).reshape((n,1)), apple)

## 題目與解答
print(model.predict([[3],[4]]))
```

列表 4-1：一個簡單的線性迴歸模型

你能否猜出這段程式碼的輸出結果呢？

原理說明

這一行程式碼運用到兩個 Python 函式庫：NumPy 與 scikit-learn。前者可說是數值計算（例如矩陣運算）的標準函式庫。後者則是機器學習方面最全面的函式庫，具有好幾百種機器學習演算法與技術的實作。

你可能會問：「為什麼要在 Python 一行程式碼使用函式庫？這不是作弊嗎？」這是個好問題，而且答案是「沒錯」。任何 Python 程式（不管有沒有用到函式庫）總會用到一些由低階操作所構建出來的高階功能。如果你能夠重複運用現有的程式碼函式庫（也就是站在巨人的肩膀上），重新造輪子實在沒意義。有抱負的程式設計者通常會有一種「自己獨立實作出所有東西」的渴望，但這樣其實會降低程式設計的效率。我們會在本書善用一些世界上最好的 Python 程式設計者與先驅者們所實作出來的強大功能函式，而不會把這些成果拒之於門外。這些函式庫每一個都需要熟練的程式設計者進一步開發、調整，才能獲得最佳化的效果。

我們就來一步步檢視列表 4-1。首先，我們會建立一個包含三個值的簡單資料集，並把它的長度保存在一個單獨的變數 n，讓程式碼更簡潔些。我們的資料就是蘋果公司連續三天的股價。apple 這個變數會把這組資料保存在一維的 NumPy 陣列之中。

其次，我們會調用 LinearRegression() 來打造我們的模型。不過，模型的參數究竟長什麼樣子呢？為了找出模型參數，我們會調用 fit() 函式來訓練模型。fit() 函式有兩個參數：訓練資料的輸入特徵，以及這些輸入相應的理想輸出。我們的理想輸出就是蘋果股票的實際股價。但以輸入特徵來說，fit() 需要的是具有以下格式的一個陣列：

```
[< 訓練資料 _1>,
< 訓練資料 _2>,
-- 中間省略 --
< 訓練資料 _n>]
```

其中每一筆訓練資料，都是由一系列的特徵值所構成：

```
< 訓練資料 > = [ 特徵值 _1, 特徵值 _2, ..., 特徵值 _k]
```

在我們的例子中，輸入只有一個特徵 *x*（第 x 天）。此外，預測輸出也只有單一個值 *y*（股價）。為了讓輸入陣列擁有正確的形狀，你必須把形狀重新調整成下面這種看起來有點奇怪的矩陣形式：

```
[[0],
 [1],
 [2]]
```

這種只有一個縱列的矩陣，就是所謂的**縱列向量**。你只要使用 `np.arange()` 就可以建立一個遞增的 *x* 值序列；然後再用 `reshape((n, 1))` 把一維 NumPy 陣列轉換成 n 橫行 1 縱列的二維陣列（參見第 3 章）。請注意，scikit-learn 可以用一維陣列來做為輸出（要不然的話，你還必須重新調整 `apple` 資料陣列的形狀）。

一旦有了訓練資料與理想輸出，`fit()` 就可以進行誤差最小化的工作：它會找出一組模型參數（也就是一條**直線**），讓模型的預測值與理想輸出之間的差異最小化。

如果 `fit()` 得到滿意的結果，它就會送回一個模型，然後你就可以運用這個模型，透過 `predict()` 函式來預測新股價了。這個 `predict()` 函式所需要的輸入與 `fit()` 相同，所以為了滿足輸入的要求，你必須送入一個單一縱列陣列，其中包含你想要預測的兩個新 x 值：

```
print(model.predict([[3],[4]]))
```

因為最小化之後的誤差為零，所以你應該會得到 158 與 159 這兩個完美的線性輸出結果。這個結果與圖 4-5 所繪製的套入直線非常吻合。不過，實務上通常不大可能找到如此完美的單一直線線性模型。舉例來說，如果我們的股票價格為 `[157，156，159]`，然後執行相同的函式，並把結果繪製成圖形，應該就會得到圖 4-6 的直線。

在這個例子中，`fit()` 函式同樣可以找出一條直線，讓訓練資料與預測值之間的平方誤差最小化，如前所述。

我們就來總結一下。線性迴歸是一種機器學習技術，你可以讓模型學習找出合適的係數，以做為模型的參數。所得到的線性模型（例如二維空間中的一條直線）可針對新輸入的資料，直接提供相應的預測。只要是給定數值輸入、預測數值輸出的問題，都屬於「迴歸」（regression）類問題。我們到下一節還會繼續學習機器學習另一個重要的領域，也就是所謂的「分類」（classification）問題。

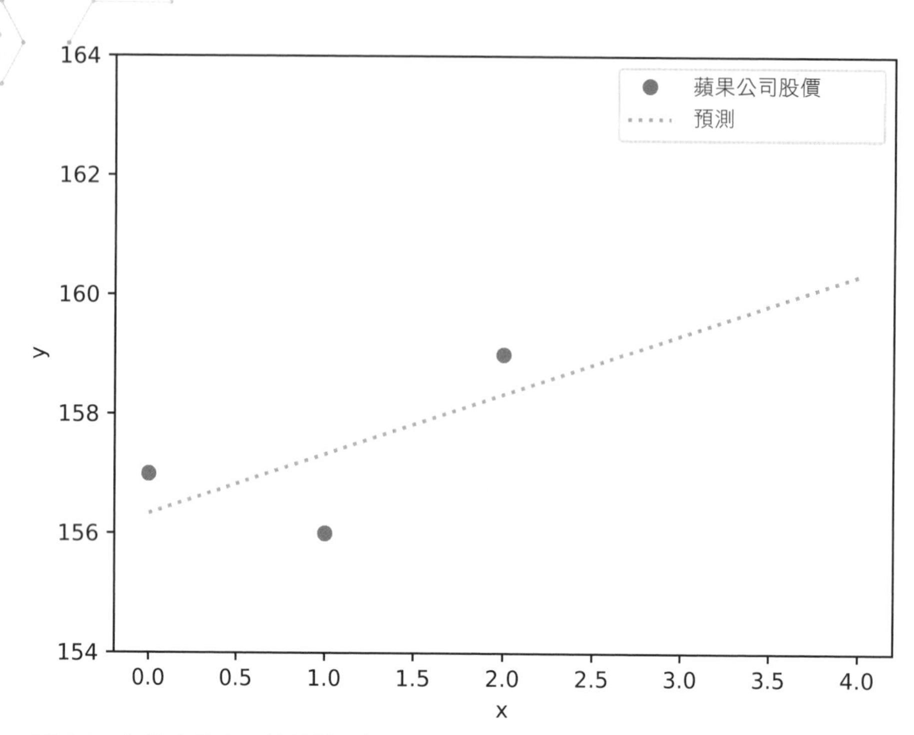

圖 4-6：無法完美套入的線性迴歸模型

邏輯迴歸

邏輯迴歸（logistic regression）經常運用於「**分類**」問題，這類問題主要是預測樣本屬於哪一種特定的類別（category 或 class）。這與一般迴歸問題不大相同；一般的迴歸問題通常會針對給定的輸入樣本，預測出相應的輸出數值。至於分類問題，舉個例子來說，我們可以嘗試根據 Twitter 使用者不同的輸入特徵（例如其**推文頻率**或**推文回覆數量**），區分出使用者是男性還是女性。邏輯迴歸模型可說是最基本的機器學習模型之一。本節所介紹的許多概念，也是許多更進階機器學習技術的基礎。

基礎

為了介紹邏輯迴歸，我們先來簡單回顧一下線性迴歸的運作方式：只要給定訓練資料，你就可以計算出一條可套入該訓練資料的直線，並用它來預測輸入 *x* 相應的輸出結果。一般來說，線性迴歸非常適合用來預測**連續的**輸出，其輸出值可以有無限多種可能。舉例來說，之前我們所要預測的股票價格，就可以是任意大小的某個正值。

但如果輸出的東西並不是連續的，而是一個一個的**類別**（或是可歸類到數量有限的某幾個群體或種類）？舉例來說，假設你想根據患者抽的香煙數量，預測患者罹患肺癌的可能性。每個患者都有可能罹患肺癌，也有可能沒罹患肺癌。相較於多變的股票價格，這裡只會有兩種可能的結果。預測出各類別的可能性，就是邏輯迴歸的主要動機。

S 型函數

線性迴歸的做法是把訓練資料套入一條直線，而邏輯迴歸則是套入一條稱為 ***S 型函式***（***sigmoid function***）的 S 型曲線。這條 S 型曲線可協助你做出二元化（例如是 / 否）的決策。對於大多數的輸入值來說，S 型函式都會送回非常接近 0（其中一種類別）或非常接近 1（另一種類別）的一個值。針對你所給定的輸入值，生成意義不明的輸出，這種可能性相對比較小。請注意，對於某些給定的輸入值來說，確實有可能生成 0.5 的機率，但這種曲線形狀設計的目的，就是希望在實際的設定中，讓出現 0.5 的機率最小化（對於水平軸上大多數可能的值而言，機率值不是非常接近 0 就是非常接近 1）。圖 4-7 顯示的就是肺癌問題的邏輯迴歸曲線。

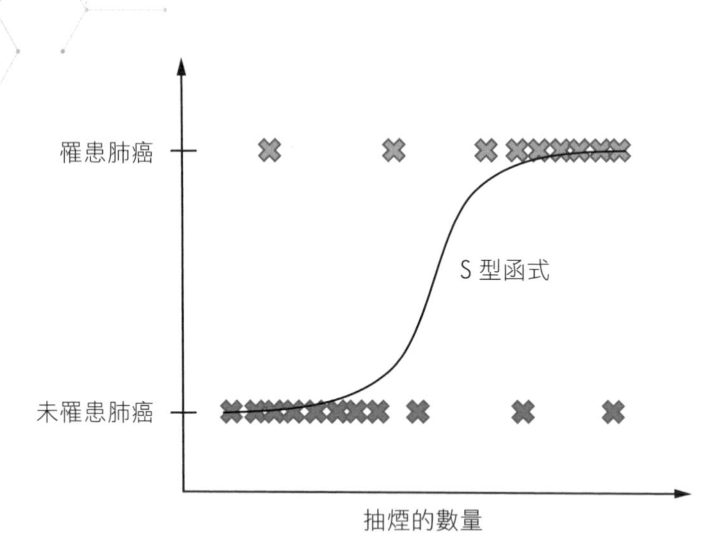

圖 4-7：邏輯迴歸曲線根據抽煙的情況來預測癌症

NOTE 你可以利用多項式分類邏輯迴歸的做法，把資料分類成兩種以上的類別。為了達到此目的，你必須運用一種通用化的 S 型函式，也就是所謂的 softmax 函式，這種函式會送回一個由許多機率值所構成的 tuple 元組，其中每個機率值對應一個類別。S 型函式則只能把輸入特徵轉換成單一的機率值。不過為了內容清晰起見，本節只會重點介紹二項式分類與 S 型函式。

圖 4-7 的 S 型函式可以在給定患者抽煙數量的情況下，預測出患者罹患肺癌的機率近似值。如果你唯一能掌握的資訊就是患者抽煙的數量，這個機率值或許就可以協助你做出明智的判斷：患者究竟有沒有罹患肺癌？

請各位看一下圖 4-8 的預測，其中顯示了兩名新患者（在圖的底部用淺灰色表示）。你對他們一無所知，只知道他們抽煙的數量。假設你已經訓練好邏輯迴歸模型（S 型函式），這個模型可針對任何新輸入值 x，送回相應的機率值。如果 S 型函式所給出的機率高於 50%，該模型就預測**肺癌檢查為陽性**；否則，就預測**肺癌檢查為陰性**。

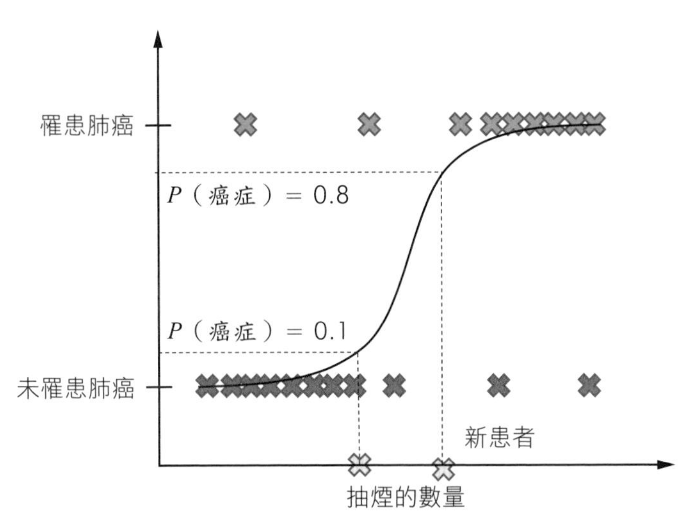

圖 4-8：運用邏輯迴歸估計出各種結果的機率

找出最大可能性模型

邏輯迴歸最主要的問題，在於如何選出最符合訓練資料的正確 S 型函式。這個問題的解答，就在於每個不同模型都有相應的**可能性**（*likelihood*）：也就是模型可得出所觀察訓練資料的機率。我們想要選用的，當然是可能性最大的模型。其背後的想法是，這樣的模型應該最接近現實世界中生成那些訓練資料的實際程序。

如果針對一組給定的訓練資料，要計算出某個模型相應的可能性，我們就必須針對每一個單一訓練資料點，計算出相應可能性的值，然後全部相乘起來，以求出整組訓練資料集相應可能性的值。單一訓練資料點相應的可能性，其數值該如何進行計算呢？只要把訓練資料點套入模型的 S 型函式即可；這樣就可以計算出該資料點在該模型中相應的機率。如果想針對所有資料點，選出最大可能性模型，就必須把 S 型函式稍微平移至不同的位置，再針對不同的 S 型函式，重複進行相同的可能性計算程序，如圖 4-9 所示。

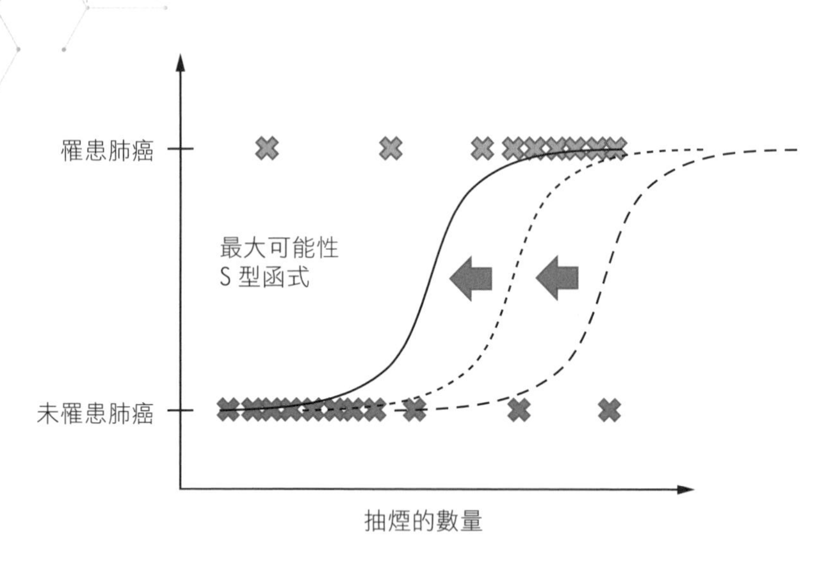

圖 4-9：逐一測試無數個 S 型函式，以計算出其中具有最大可能性的 S 型函式

在前一段描述中，我們說明了如何決定最大可能性 S 型函式（模型）的做法。所得出的 S 型函式應該會與資料最為相符，因此我們可以用它來預測新的資料點。

討論過相關的理論之後，接著就來看看如何用 Python 一行程式碼進行邏輯迴歸的實作。

程式碼

我們在前面已看過邏輯迴歸運用於健康領域的範例（找出抽煙量與癌症機率的相關性）。如果可以把這個「虛擬醫生」的應用製作成智慧型手機的 App，應該是個不錯的主意，不是嗎？我們就來運用邏輯迴歸，為你的第一個虛擬醫生編寫出相應的程式，如列表 4-2 所示，只需要一行 Python 程式碼喲！

```
from sklearn.linear_model import LogisticRegression
import numpy as np


## 資料：(抽煙的數量 , 是否罹患癌症)
```

```
X = np.array([[0, "No"],
              [10, "No"],
              [60, "Yes"],
              [90, "Yes"]])


## 一行程式碼
model = LogisticRegression().fit(X[:,0].reshape(-1,1), X[:,1])


## 題目與解答
print(model.predict([[2],[12],[13],[40],[90]]))
```

列表 4-2：**邏輯迴歸模型**

各位不妨猜一猜：這段程式碼會有什麼樣的輸出？

原理說明

訓練資料 X 是由兩個縱列的四筆（四橫行）患者記錄所組成。第一個縱列是患者抽煙的數量（**輸入特徵**），第二個縱列則是**類別標籤**，說明患者最終是否罹患肺癌。

這裡只要調用 `LogisticRegression()` 建構函式，就可以建立模型。我們先對此模型調用 `fit()` 函式；其中有兩個參數，分別是輸入（抽煙的數量）與輸出類別標籤（是否罹患癌症）。`fit()` 函式所預期的輸入是一個二維的陣列，其格式為每一橫行代表一組訓練資料樣本，每一縱列則代表此訓練資料樣本的一個特徵。這個範例只有一個特徵值，因此可以直接用 `reshape()` 操作把一維輸入轉換成二維 NumPy 陣列。`reshape()` 的第一個參數指定的是橫行的數量，第二個參數則是縱列的數量。我們只在意縱列的數量（這裡就是 `1`）。橫行數量則送入 `-1`，這是我們傳遞給 NumPy 的一個特殊信號，表示我們希望 NumPy 自動判斷所需的橫行數量。

重新調整形狀之後，輸入的訓練資料就會變成下面這樣（本質上來說，我們只是移除掉原本二維陣列裡的類別標籤而已）：

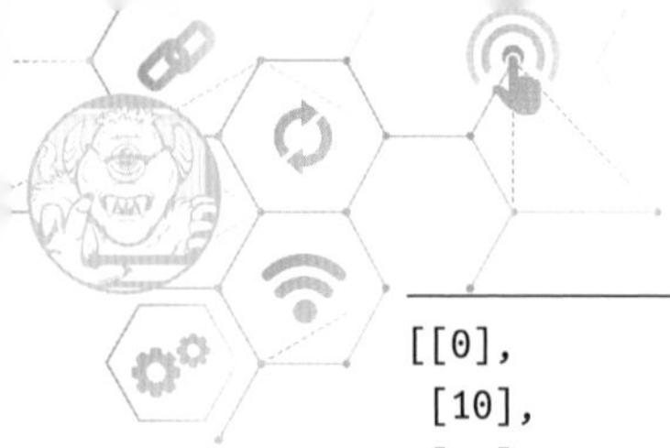

```
[[0],
 [10],
 [60],
 [90]]
```

接著你就可以根據患者抽煙的數量，預測出他們是否患有肺癌：你的輸入分別是 2、12、13、40、90 支香煙。預測所給出的輸出結果如下：

```
# ['No' 'No' 'Yes' 'Yes' 'Yes']
```

根據這個模型的預測，前兩名患者是肺癌陰性，後三名則是肺癌陽性。

我們再來詳細看一下 S 型函式給出這種預測的機率！只要在列表 4-2 之後，執行下面這段程式碼即可：

```
for i in range(20):
    print("x=" + str(i) + " --> " + str(model.predict_proba([[i]])))
```

`predict_proba()` 函式會以抽煙的數量做為輸入，然後送回一個陣列，其中包含的是肺癌陰性（索引 0）與肺癌陽性（索引 1）的機率。只要執行這段程式碼，應該就會得到以下的輸出：

```
x=0 --> [[0.67240789 0.32759211]]
x=1 --> [[0.65961501 0.34038499]]
x=2 --> [[0.64658514 0.35341486]]
x=3 --> [[0.63333374 0.36666626]]
x=4 --> [[0.61987758 0.38012242]]
x=5 --> [[0.60623463 0.39376537]]
x=6 --> [[0.59242397 0.40757603]]
x=7 --> [[0.57846573 0.42153427]]
x=8 --> [[0.56438097 0.43561903]]
x=9 --> [[0.55019154 0.44980846]]
x=10 --> [[0.53591997 0.46408003]]
x=11 --> [[0.52158933 0.47841067]]
x=12 --> [[0.50722306 0.49277694]]
```

```
x=13 --> [[0.49284485 0.50715515]]
x=14 --> [[0.47847846 0.52152154]]
x=15 --> [[0.46414759 0.53585241]]
x=16 --> [[0.44987569 0.55012431]]
x=17 --> [[0.43568582 0.56431418]]
x=18 --> [[0.42160051 0.57839949]]
x=19 --> [[0.40764163 0.59235837]]
```

如果肺癌陰性的機率高於肺癌陽性的機率，預測結果就會是**肺癌陰性**。x = 12 就是最後一次出現肺癌陰性的情況。只要患者抽煙的數量超過 12 支，這個演算法就會把它歸類成**肺癌陽性**。

總結來說，你已學會如何透過 scikit-learn 函式庫，運用邏輯迴歸輕鬆對問題進行分類。邏輯迴歸的構想就是把 S 型曲線（S 型函式）套入到資料之中。這個函式會針對每一個新資料點與每一種可能的類別，指定一個介於 0 到 1 之間的數值。這個數值其實就是模型認為該資料點屬於該類別的機率。不過在實務工作中，你的訓練資料往往並沒有指定任何類別標籤。舉例來說，你可能擁有一些客戶資料（例如客戶的年齡與收入），但你並不知道每個資料點可對應到什麼樣的類別標籤。為了從這樣的資料中萃取出有用的見解，接下來我們打算學習另一種機器學習的做法：無監督式學習（unsupervised learning）。具體來說，我們會學習如何把相近的資料點集結起來，藉此方式把資料分成好幾個集群（cluster），這其實就是無監督式學習其中一種很重要的做法。

K 均值集群處理

無論你是資訊科學家、資料科學家還是機器學習專家，一定都要瞭解一種集群演算法，那就是 *K 均值（K-Means）演算法*。我們會在本節學習一些通用的概念，以及在 Python 一行程式碼中運用 K 均值集群演算法的時機與做法。

基礎

前一節介紹過監督式學習，其中的訓練資料全都是**已標記的**（*labeled*）。換句話說，訓練資料中的每個輸入值，你都知道相應的輸出值。但在實務的情況下，並非總是如此。你經常會發現（尤其在許多資料分析應用中），自己所面對的是一堆**未標記過的**資料，甚至連資料的「最佳輸出」究竟應該是什麼，都還不太清楚。在這樣的情況下，也就無法進行預測（因為根本沒有可做為參考的輸出），不過你還是可以從這些未標記的資料中，提取出一些有用的知識（例如你可以讓一些比較相近的未標記資料集結起來，藉此方式把資料區分成好幾個不同的集群）。這種可運用於未標記資料的模型，就屬於**無監督式學習**（*unsupervised learning*）。

舉例來說，假設你在一家新創公司工作，服務的對象是具有不同收入程度與不同年齡的各種不同目標市場。你的老闆告訴你，想找出其中幾個最符合你目標市場的特定目標客戶群。你可以運用集群方法，辨識出公司所服務的對象，可區分成幾個不同的**客戶群**。圖 4-10 顯示的就是其中一個範例。

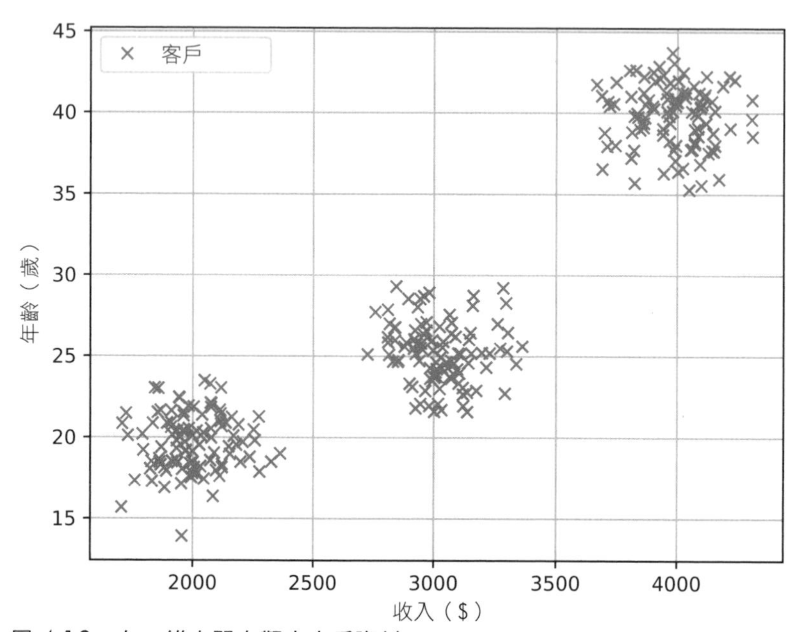

圖 4-10：在二維空間中觀察客戶資料

在這裡，我們可以輕鬆辨識出其中有三種不同收入與年齡的客戶群。但是，如何運用演算法找出這些不同的客戶群呢？這就是集群演算法（例如廣受歡迎的 K 均值演算法）這個領域的專長。只要給定資料集與整數 *k*，K 均值演算法就能找出 *k* 個資料集群，讓每個集群的中心（稱為**中心點**（*centroid*））與集群內所有資料之間具有最小的差異。換句話說，你可以針對資料集執行 K 均值演算法，找出各種不同的客戶群，如圖 4-11 所示。

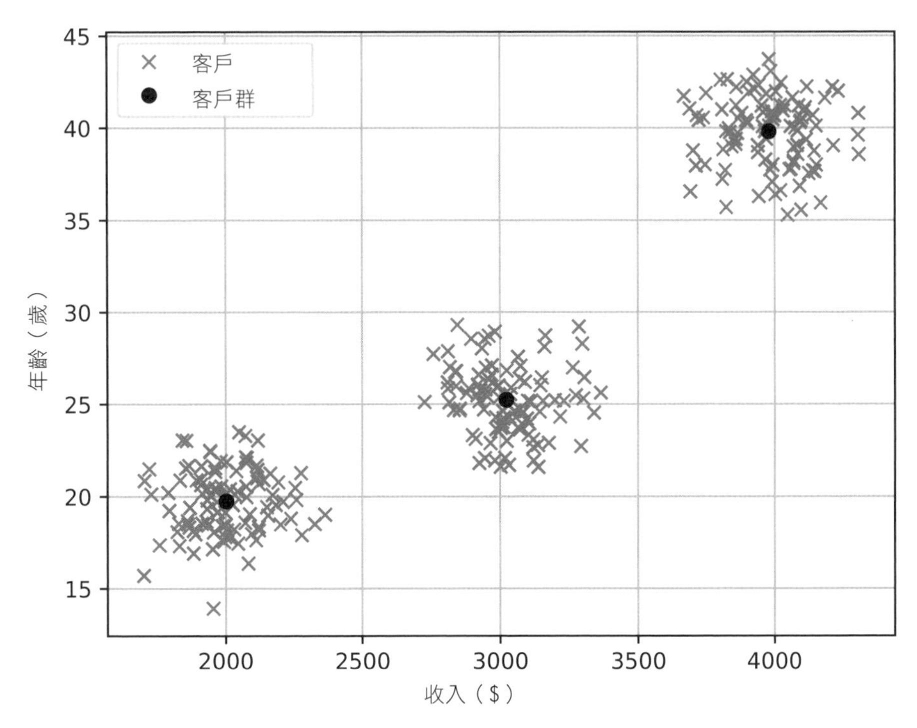

圖 4-11：在二維空間對應不同客戶群（集群中心點）的客戶資料

集群中心（黑點）可用來代表整個集群的客戶資料。每個集群中心都可以被視為一個客戶代表。因此，你就等於有了三種理想化的客戶群：一種是 20 歲收入 2000 美元，一種是 25 歲收入 3000 美元，一種是 40 歲收入 4000 美元。最棒的是，即使在高維度空間的情況下（人類很難靠視覺分辨出不同的客戶群），K 均值演算法還是可以找出相應的集群中心。

K 均值演算法需要輸入一個「集群中心的數量 k」。以這裡的例子來說，只要直接觀察資料大體的狀況，你就可以很「神奇地」做出 $k = 3$ 的定義。有一些更進階的演算法，還可以自動找出集群中心的恰當數量（例如可參見 Greg Hamerly 與 Charles Elkan 在 2004 年發表的論文「Learning the k in K-Means（K 均值演算法中 k 的學習）」）。

K 均值演算法究竟是怎麼運作的呢？簡而言之，它會執行以下的程序：

```
一開始先以隨機的方式設定幾個集群的中心（centroid）。
重複以下程序直至收斂為止
    把每個資料點分配給最靠近的集群中心點。
    每個中心點都根據所分配到的資料，重新計算出新的中心點。
```

這樣的做法一定會導致很多次的迴圈迭代：先把資料指定給 k 個集群中心，然後再根據各中心所分配到的資料，重新計算出每個集群的新中心點。

我們就來實作這個演算法吧！

考慮以下問題：假設已給定二維的員工薪資資料（工時，薪資），我們希望能針對給定的資料集，把工時、薪資很相近的員工區分成 2 組。

程式碼

你如何在一行程式碼中，完成所有這些工作？幸運的是，Python 的 scikit-learn 函式庫已有效實作出 K 均值演算法。列表 4-3 顯示的就是可執行 K 均值集群演算法的一行程式碼。

```
## 依賴的模組套件
from sklearn.cluster import KMeans
import numpy as np


## 資料：(工時 (h) 、 薪資 ($))
```

```
X = np.array([[35, 7000], [45, 6900], [70, 7100],
              [20, 2000], [25, 2200], [15, 1800]])


## 一行程式碼
kmeans = KMeans(n_clusters=2).fit(X)


## 題目與解答
cc = kmeans.cluster_centers_
print(cc)
```

列表 4-3：K 均值集群演算法的一行程式碼

這段程式碼會有什麼樣的輸出呢？即使你並不瞭解所有語法上的細節，也請嘗試推測一下相應的結果。這有助於跨越你知識上的鴻溝，讓你的大腦能夠更順利吸收演算法的概念。

原理說明

程式碼的第一行是從 `sklearn.cluster` 套件匯入 `KMeans` 模組。這個模組本身負責的就是集群處理。另外還要匯入 NumPy 函式庫，因為我們在使用 `KMeans` 模組時會用到 NumPy 陣列。

我們的資料是二維的。它會把員工們的工時與薪資資料聯繫起來。圖 4-12 顯示的就是員工薪資資料集其中的六個資料點。

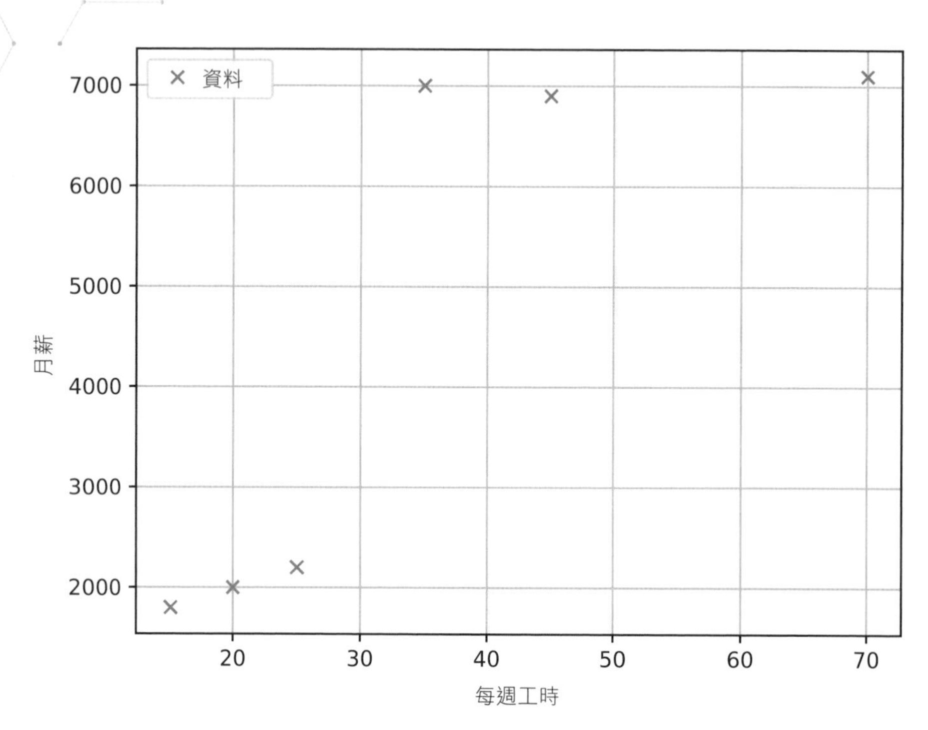

圖 4-12：員工薪資資料

我們的目的，就是找出最符合這份資料的兩個集群中心點：

```
## 一行程式碼
kmeans = KMeans(n_clusters=2).fit(X)
```

在這一行程式碼中，建立了一個新的 `KMeans` 物件，負責處理演算法部分的工作。建立 `KMeans` 物件時，可以用 `n_clusters` 這個參數來定義集群中心的數量。然後，我們只要調用這個實例的 `fit(X)` 方法，就可以針對輸入資料 X 執行 K 均值演算法。完成之後，`KMeans` 物件就會把所有結果保存起來。剩下的工作，就是透過其屬性取出一些相應的結果：

```
cc = kmeans.cluster_centers_
print(cc)
```

請注意，在 `sklearn` 套件中，一般的慣例會在某些屬性名稱後面加上一個後底線（例如 `cluster_centers_`），藉此表示這些屬性是在訓練階段（`fit()` 函式）以動態的方式創建出來的。在訓練階段之前，這些屬性並不存在。這並不是一般 Python 的慣例做法，在後面加底線的做法，通常只是用來避免與 Python 關鍵字造成命名衝突的情況（例如用 `list_` 來做為變數的名稱，以免與 `list` 這個關鍵字衝突）。不過，一旦你習慣了這種做法，或許就會很感謝 `sklearn` 套件針對屬性採用了這種具有一致性的做法。那麼，這段程式碼最後所輸出的集群中心究竟是什麼呢？請看一下圖 4-13。

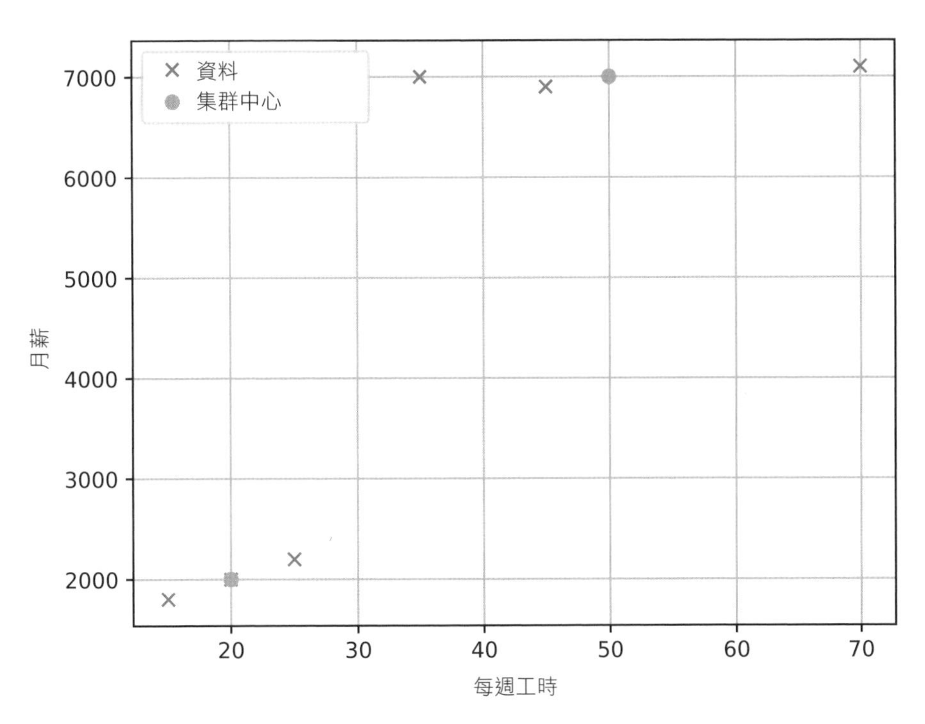

圖 4-13：二維空間中的員工薪資資料與相應的集群中心

你可以看到兩個集群中心分別是（20，2000）與（50，7000）。這就是 Python 一行程式碼所得出的結果。這兩個集群可對應到兩個理想化的員工代表：第一個每週工作 20 個小時，每月收入 2000 美元，第二個每週工作 50 個小時，每月收入 7000 美元。這兩種類型的員工，非常符合資料的情況。最後一行程式碼的結果如下：

```
## 題目與解答
cc = kmeans.cluster_centers_
print(cc)
'''
[[  50. 7000.]
 [  20. 2000.]]
'''
```

總結來說，本節向你介紹了無監督式學習其中一個很重要的主題：集群處理（clustering）。K 均值演算法是一種可以從多維資料提取出 *k* 個集群、簡單有效而且很受歡迎的方法。這個演算法會在幕後以迭代的方式不斷重新計算集群中心，再把每個資料值重新分配給最靠近的集群中心，一直到找出最佳集群結果為止。不過，如果想找出相似的資料項，集群處理並不一定總是最理想的做法。有很多資料集並沒有呈現出集群的行為，但你還是希望能夠善用距離（distance）的資訊，進行機器學習與預測。我們會繼續留在多維空間，探索一下善用資料值之間（歐幾里得幾何）距離的另一種方法：K 最近鄰演算法。

K 最近鄰

很受歡迎的 *K 最近鄰*（*KNN*；*K-Nearest Neighbors*）演算法，在許多應用（例如推薦系統、圖片分類與金融數據資料預測）都可以用來進行迴歸與分類的工作。它是許多進階機器學習技術（例如訊息檢索）的基礎。毫無疑問，瞭解 KNN 是你熟練資訊科學教育其中一塊十分重要的基石。

基礎

KNN 演算法是一種可靠、簡單而且很受歡迎的機器學習方法。它實作起來很簡單，但仍不失為一種很有競爭力的快速機器學習技術。到目前為止，我們討論過的所有其他機器學習模型，全都是運用訓練資料來計算出原始資料的另一種**表達方式**。你可以運用這樣的表達方式，來對新資料進行預測、分類或集群處理。舉例來說，線性與邏輯迴歸演算法會定義一些學習參數，而集群演算法則會根據訓練資料計算出好幾個集群中心。不過，KNN 演算法的做法不大相同。相較於其他做法，它並不會計算出一個新的模型（或表達方式），而是把**整個資料集**當成一個模型。

是的，你沒看錯。這個機器學習模型本身只不過就是一整組觀察的結果。訓練資料的每一個實例，都屬於模型的一部分。這樣的做法有優點也有缺點。缺點是，隨著訓練資料的增加，模型有可能會迅速爆炸，可能需要進行取樣或篩選來做為預處理步驟。不過，它最大的優點就是訓練階段的簡單性（只要把新的資料值添加到模型中即可）。此外，無論是進行預測或分類，都可以採用 KNN 演算法。只要給定輸入向量 x，就可以執行下面的策略：

1. 找出 x 的 k 個最近鄰（根據預先定義好的距離衡量方式）。

2. 把這 k 個最近鄰匯整成一個單一的預測值或分類結果。你可以運用任何匯整型函式（例如平均值、最大值或最小值）進行匯整。

我們就來看個範例。貴公司的主要業務，就是把房屋銷售給客戶。假設你手上已經擁有龐大的客戶與房價資料庫（請參見圖 4-14）。有一天，你的客戶向你詢問，52 平方米的一間房子預計需要支付多少錢。你查詢了你的 KNN 模型，它馬上就給你提供了回應：$ 33,167 美元。這確實是可靠的資訊，因為後來你的客戶在同一週之內，就是以 $ 33,489 的價格找到了他們的家。KNN 系統為什麼能夠得出如此令人驚訝的準確預測呢？

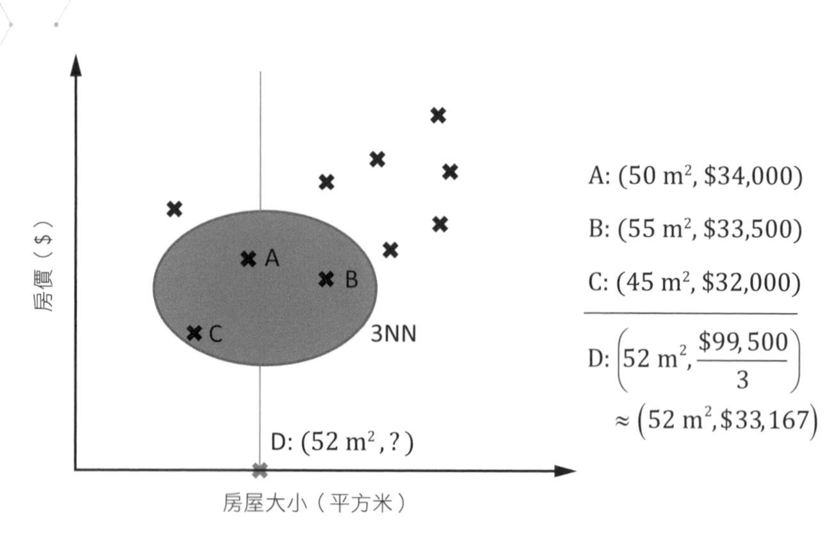

圖 4-14：根據三個最近鄰 A、B、C，計算出房屋 D 的價格

首先，KNN 系統利用歐幾里得幾何距離的計算方式，簡單找出與「*D = 52 平方米*」這個查詢結果距離最靠近的 3 個（*k = 3*）最近鄰資料。這三個最近鄰分別是 A、B、C，價格分別為 $34,000、$33,500、$32,000 美元。然後再計算這三個值的簡單平均值，把這三個最近鄰資料匯整起來。因為在這個範例中 *k = 3*，所以你可以用 *3NN* 來表示這個模型。當然，你也可以修改相似度的計算函式、參數 *k* 的數量與匯整計算的方式，以提供更複雜的預測模型。

KNN 的另一個優點是，即使不斷加入新的觀測值，還是可以輕鬆進行調整。這對於其他機器學習模型來說，通常沒那麼簡單。不過 KNN 也有一個明顯的缺點，就是隨著你添加的資料點越來越多，找出 *k* 個最近鄰的計算複雜度也會越來越高。如果想補救這方面的缺點，你也可以不斷從模型中刪除掉一些老舊的值。

如前所述，我們也可以用 KNN 來解決分類問題。我們可以針對 k 個最近鄰，採用投票機制取代平均的做法：讓每個最近鄰都對類別進行投票，其中票數最多的類別即可勝出。

程式碼

我們就來深入研究如何在一行程式碼中運用 Python 的 KNN（參見列表 4-4）。

```
## 依賴的模組套件
from sklearn.neighbors import KNeighborsRegressor
import numpy as np


## 資料：房子大小（平方米）、房價（美元）
X = np.array([[35, 30000], [45, 45000], [40, 50000],
              [35, 35000], [25, 32500], [40, 40000]])


## 一行程式碼
KNN = KNeighborsRegressor(n_neighbors=3).fit(X[:,0].reshape(-1,1), X[:,1])


## 題目與解答
res = KNN.predict([[30]])
print(res)
```

列表 4-4：用 Python 一行程式碼執行 KNN 演算法

你不妨猜一猜：這段程式碼會有什麼樣的輸出？

原理說明

為了讓你能直接看到結果，我們把程式碼中的房價資料畫到圖 4-15 中。

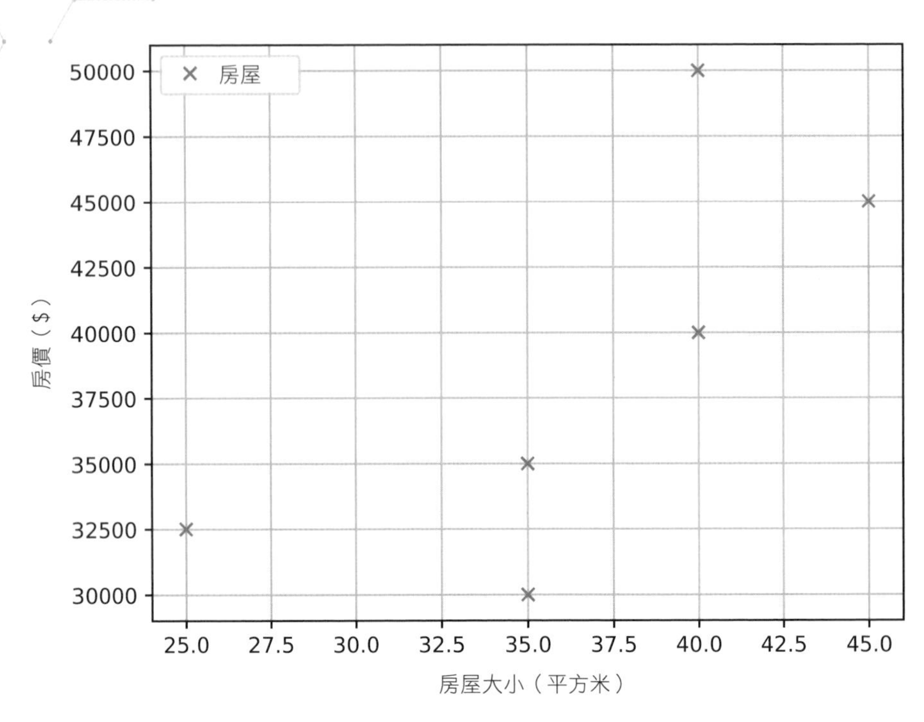

圖 4-15：用二維空間呈現房價資料

你能看出其中的整體趨勢嗎？隨著房屋大小的增加，可以預期房屋的市場價格應該也會呈線性增長。房子的大小加倍，價格也會加倍。

在程式碼中（參見列表 4-4），客戶要求你針對 30 平方米的房屋進行價格預測。$k = 3$ 的 KNN（簡稱 3NN）會預測出什麼結果呢？請看一下圖 4-16。

結果很漂亮，不是嗎？KNN 演算法根據房屋的大小找出最接近的三個房屋資料，然後把 $k = 3$ 個最近鄰的平均值用來做為房屋的預測價格。因此，結果就是 $ 32,500。

如果你對一行程式碼其中的資料轉換感到困惑，且讓我快速解釋一下這裡所發生的情況：

```
KNN = KNeighborsRegressor(n_neighbors=3).fit(X[:,0].reshape(-1,1), X[:,1])
```

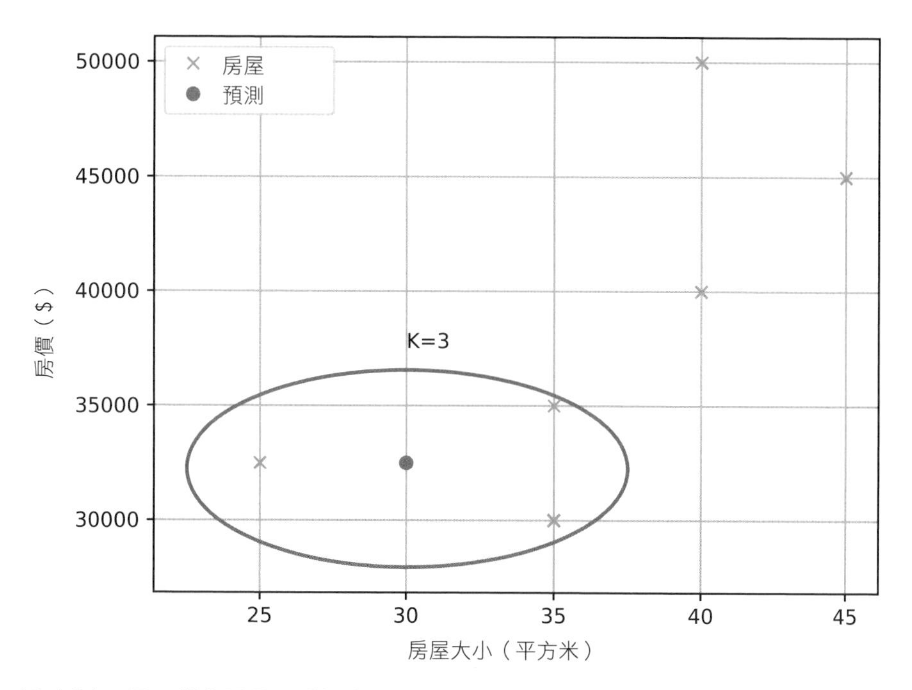

圖 4-16：用二維空間呈現房價資料，以及 KNN 針對新資料點（30 平方米的房屋）所預測出來的房價

首先，建立一個所謂的 KNeighborsRegressor 機器學習模型。如果你想用 KNN 進行分類，則可以改用 KNeighborsClassifier。

其次，你可以用帶有兩個參數的 fit() 函式來訓練模型。第一個參數定義的是輸入（房屋大小），第二個參數則是定義輸出（房屋價格）。這兩個參數的形狀，必須都是像陣列這樣的資料結構。舉例來說，如果要把 30 做為輸入，就必須以 [30] 的形式送入函式中。其中的理由是，一般來說，輸入很有可能是多維的，而不只是一維的。因此，你必須先重新調整輸入的形狀：

```
print(X[:,0])
"[35 45 40 35 25 40]"


print(X[:,0].reshape(-1,1))
"""
```

```
[[35]
 [45]
 [40]
 [35]
 [25]
 [40]]
"""
```

請注意，如果你直接用一維 NumPy 陣列做為 fit() 函式的輸入，函式將無法正常運作，因為它需要的是「（陣列形式的）觀察值」所構成的一個陣列，而不是「整數」所構成的一個陣列。

總結來說，本節讓你學會如何在一行程式碼中建立你的第一個 KNN 迴歸模型。如果你的資料與模型會持續不斷的變化與更新，那麼 KNN 就是你最好的朋友！接下來我們打算繼續探討另一個很受歡迎的機器學習模型：神經網路。

神經網路分析

近年來，神經網路獲得了廣泛而普遍的關注。這其中部分理由是因為此領域演算法與學習技術有所進展，另一方面則是因為硬體進步與通用 GPU（GPGPU）技術的興起。我們打算在本節學習*多層感知器*（*MLP*；*multilayer perceptron*）的概念，它是最受歡迎的其中一種神經網路表達方式。閱讀過本節之後，你就可以在 Python 一行程式碼中編寫出自己的神經網路了！

基礎

針對本節的一行程式碼，我準備了一個特殊的資料集，其中包含的是我電子郵件清單中所有 Python 相關同事的資料。我的目標是建立一組真正有意義的真實資料集，因此我要求我的電子郵件訂閱者參與本章的資料生成實驗。

資料

既然你在閱讀本書，就表示你對 Python 的學習很感興趣。為了建立一組有趣的資料集，我要求我的電子郵件訂閱者以匿名的方式回答六個問題，內容主要是關於他們的 Python 專業知識與收入。大家針對這些問題的回應，全都會被用來做為本節簡單神經網路範例（Python 一行程式碼）的訓練資料。

我們的訓練資料，就是大家對於以下六個問題所給出的答案：

- 過去 7 天內，你看了幾小時的 Python 程式碼？
- 你從幾年前開始學習資訊科學？
- 你的書架上有幾本關於程式設計的書籍？
- 在實際的專案中，你會在 Python 花費多少百分比的時間？
- 你每個月可以靠你的技術技能（廣義上來說）賺多少錢（四捨五入到 1000 美元）？
- 你的 Finxter 評分大約是多少（四捨五入到 100 分）？

前五個問題的答案將做為你的輸入，而第六個問題則是神經網路分析的輸出。在這一行程式碼中，我們打算研究的是神經網路迴歸的做法。換句話說，你可以根據一些輸入特徵值，預測出另一個數值（可代表你的 Python 技能）。我們並不會在本書探討如何使用神經網路進行分類，不過那的確是神經網路的另一大強項。

第六個問題大概可以用來評價一個 Python 程式設計者的技能程度。Finxter（*https://finxter.com/*）是我們以各種題目做為基礎的一個學習應用，它可以根據各位解答各種 Python 相關題目的表現，針對 Python 程式設計者的程度給出一個評分值。透過這樣的方式，就可以量化你的 Python 技能水準。

我們一開始先以視覺化的方式，呈現每個問題對於輸出（Python 開發者的技能評分）的影響，如圖 4-17 所示。

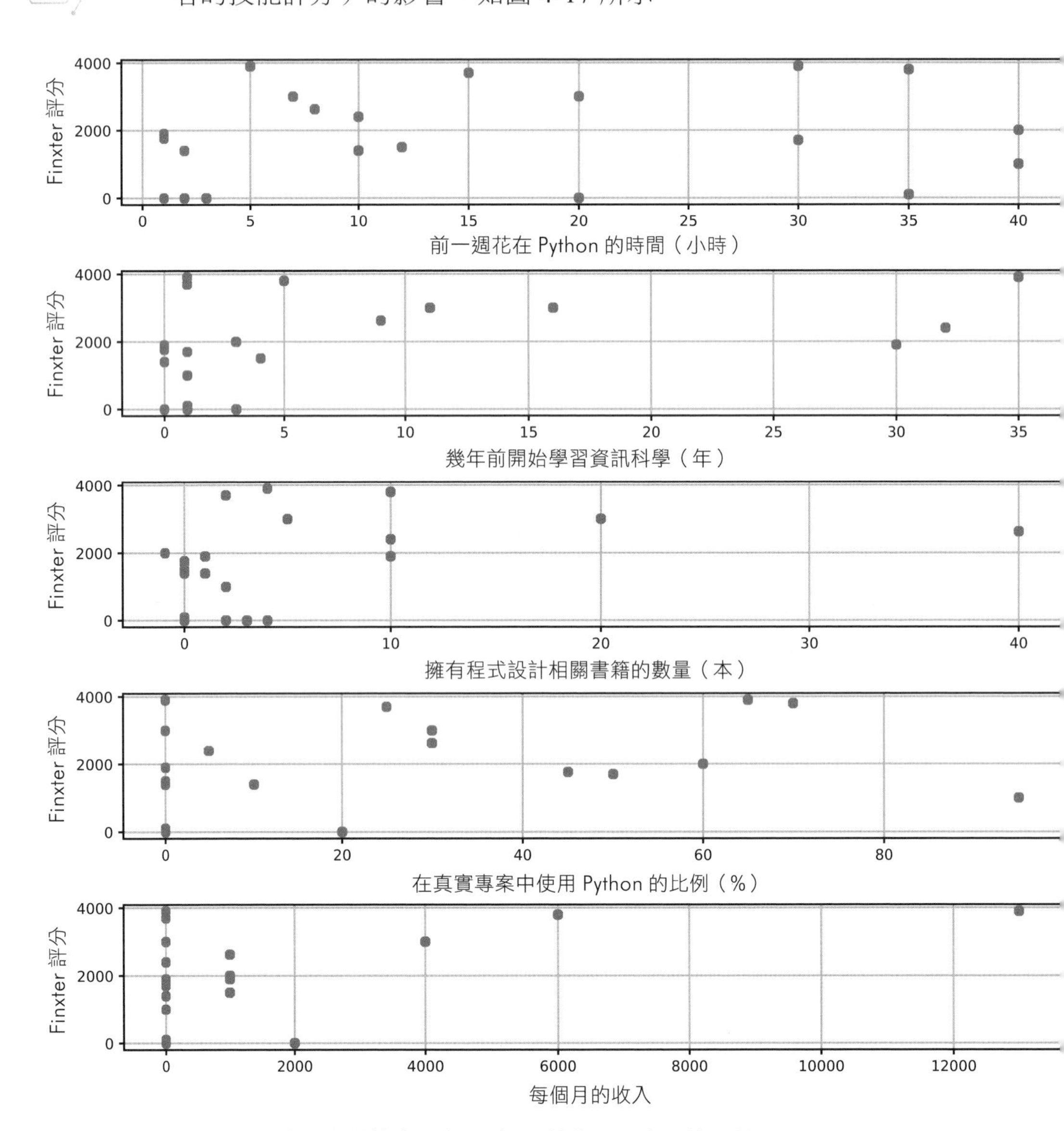

圖 4-17：Finxter 調查問卷的答案，與 Python 技能評分之間的關係

請注意，這些圖形只會顯示每個單獨特徵（問題）對於最終 Finxter 評分的影響，但是並沒有針對兩個或多個特徵的組合，顯示出相應的影響。另外還要注意的是，其中有些人並沒有回答全部的六個問題；針對這樣的情況，我會用 `-1` 這個值來表示。

人工神經網路究竟是什麼東西？

近幾十年來，人們廣泛研究各種建立人腦理論模型（生物神經網路）的構想。不過早在 1940 與 1950 年代，就有人提出了人工神經網路的基礎！從那時開始，人工神經網路的概念就持續不斷被完善與改進。

其中最基本的構想，就是把學習與推測的大型任務，分解成許多的微任務（micro-task）。這些微任務並不是獨立的，而是相互依賴的。大腦是由好幾十億個神經元（neuron）所組成，這些神經元有好幾兆個突觸（synapse）彼此相連。在簡化的模型中，所謂的「學習」其實也就只是調整突觸的「**強度**」（在人工神經網路中，也可稱之為「**權重**」或「**參數**」）。那麼，如何在模型中「建立」新的突觸呢？其實很簡單，只要把它相應的權重從零增加到非零的值即可。

圖 4-18 顯示的就是一個具有三層（輸入層、隱藏層、輸出層）的基本神經網路。每一層都是由多個神經元所組成，這些神經元會從輸入層連接到隱藏層，然後再連接到輸出層。

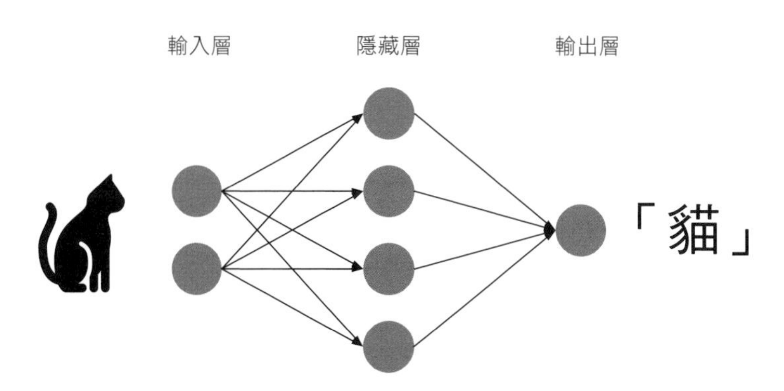

圖 4-18：可用來進行動物分類的簡單神經網路分析

在這裡的範例中，訓練過的神經網路可用來偵測出圖片中的動物。實際上，你會把圖片中的每個像素全都對應到一個輸入神經元，以構成一個輸入層。這樣可能會導致有好幾百萬個輸入神經元，與好幾百萬個隱藏神經元相連。而每個輸出神經元通常都只負責整體輸出的一個位元。舉例來說，如果要檢測出兩種不同的動物（例如貓和狗），你就只會在輸出層中使用單一個神經元，以模擬兩種不同的狀態（0 = 貓，1 = 狗）。

其構想就是，如果有某個輸入脈衝被送到神經元，神經元就會被「激活」（activated）或「啟動」（fired）。每個神經元都會根據輸入脈衝的強度，獨立判斷是否被啟動。這樣一來，你就可以模擬人的大腦，因為大腦的神經元也是透過脈衝彼此互相激活。輸入神經元會透過網路陸續判斷是否要進行激活，就這樣不斷往後傳播直到抵達輸出神經元為止。其中有一些輸出神經元會被激活，有一些則不會。最後輸出神經元激活狀況所形成的特定模式，就成為人工神經網路最終的輸出（或預測）。在你的模型中，激活的輸出神經元可編碼為 1，而未激活的輸出神經元則可編碼為 0。這樣一來，你就可以訓練神經網路，藉以預測任何可編碼成一系列 0 與 1 的事物（也就是電腦可表示的一切事物）。

我們就來詳細瞭解一下神經元運作的數學原理，如圖 4-19 所示。

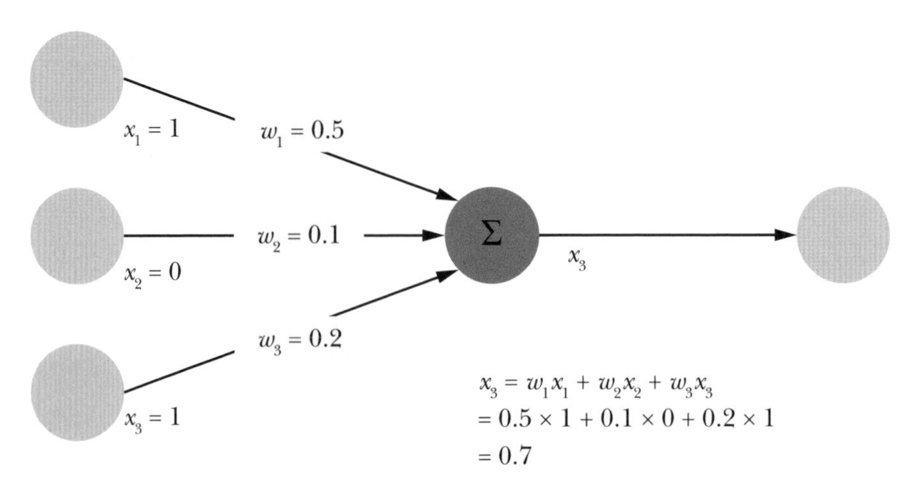

圖 4-19：單一神經元的數學模型：輸出是三個輸入的一個函數。

每個神經元都會連接到其他神經元，但並非所有連接都是相等的。每個連接都具有各自的權重值。形式上來說，被激活的神經元會把 1 的脈衝向外傳播到下一個神經元，而未激活的神經元則會把 0 的脈衝傳播出去。你可以把權重想成是被激活的輸入神經元，透過連接把多少比例的脈衝送往下一個神經元。以數學的方式來說，我們會把脈衝乘以連接的權重值，計算出下一個神經元的輸入值。在我們的範例中，神經元會把所有輸入簡單加總起來，以計算出自身的輸出。這就是所謂的**激活函式**（*activation function*），可用來精確描述神經元如何把輸入轉換成輸出。在我們的範例中，如果相關的輸入神經元有被激活，神經元本身被激活的可能性就會比較高一點。這就是脈衝透過神經網路傳播的方式。

至於所謂的學習演算法，究竟是怎麼運作的呢？它會運用訓練資料，在神經網路中針對各個權重 w 選取適當的值。只要給定訓練的輸入值 x，不同的權重 w 就會導致不同的輸出。因此，學習演算法會在許多次迭代的過程中逐次調整各個權重 w 的值，一直到輸出層所生成的結果與訓練資料很相似為止。換句話說，訓練演算法會逐漸降低訓練資料的預測誤差。

實際上存在許多不同的網路結構、訓練演算法與激活函式。本章向你展示的是在一行程式碼中迅速運用神經網路的實戰做法。你也可以進一步學習各種改進做法的詳細資訊（例如可以閱讀維基百科關於「神經網路」的項目，網址為 *https://en.wikipedia.org/wiki/Neural_network*）。

程式碼

我們的目標是建立一個神經網路，運用五個輸入特徵（五個問題的答案）來預測相應的 Python 技能水準（Finxter 評分）：

WEEK：過去七天內，你看了幾小時的 Python 程式碼？

YEARS：你是從幾年前開始學習資訊科學？

BOOKS：你的書架上有幾本程式設計的書籍？

PROJECTS：在實際的專案中，你在 Python 花費多少百分比的時間？

EARN：你每個月可以靠你的技術技能（廣義上來說）賺多少錢（四捨五入到 1000 美元）？

我們再次站上巨人的肩膀，運用 scikit-learn（sklearn）函式庫進行神經網路迴歸處理，如列表 4-5 所示。

```
## 依賴的模組套件
from sklearn.neural_network import MLPRegressor
import numpy as np

## 問卷資料 (WEEK, YEARS, BOOKS, PROJECTS, EARN, RATING)
X = np.array(
    [[20,  11,  20,  30,  4000,  3000],
     [12,   4,   0,   0, 1000,  1500],
     [2,   0,   1,  10,   0,  1400],
     [35,   5,  10,  70,  6000,  3800],
     [30,   1,   4,  65,   0,  3900],
     [35,   1,   0,   0,   0, 100],
     [15,   1,   2,  25,   0,  3700],
     [40,   3,  -1,  60,  1000,  2000],
     [40,   1,   2,  95,   0,  1000],
     [10,   0,   0,   0,   0,  1400],
     [30,   1,   0,  50,   0,  1700],
     [1,   0,   0,  45,   0,  1762],
     [10,  32,  10,   5,   0,  2400],
     [5,  35,   4,   0, 13000,  3900],
     [8,   9,  40,  30,  1000,  2625],
     [1,   0,   1,   0,   0,  1900],
     [1,  30,  10,   0,  1000,  1900],
     [7,  16,   5,   0,   0,  3000]])
```

```
## 一行程式碼
neural_net = MLPRegressor(max_iter=10000).fit(X[:,:-1], X[:,-1])

## 結果
res = neural_net.predict([[0, 0, 0, 0, 0]])
print(res)
```

列表 4-5：神經網路分析的一行程式碼

一般人恐怕不太可能預測出正確的輸出結果，但你想嘗試一下嗎？

原理說明

我們在前幾行程式碼建立了資料集。scikit-learn 函式庫裡的機器學習演算法，都是使用這樣的輸入格式。每一橫行都是具有多個特徵的單一筆觀察結果。越多橫行，就表示越多的訓練資料；越多縱列，就表示每次觀察的特徵越多。在這裡的例子中，每一筆訓練資料都有五個輸入特徵，輸出值則只有一個特徵。

只要運用 `MLPRegressor` 這個物件類別的建構函式，就可以用一行程式碼建立一個神經網路。我把 `max_iter = 10000` 當做參數送入，主要是因為若使用默認的迭代次數（`max_iter = 200`），訓練並不會收斂。

之後再調用 `fit()` 函式，以決定神經網路的參數。調用 `fit()` 之後，神經網路就可成功完成初始化的工作。`fit()` 函式可接受一個多維的輸入陣列（每一橫行代表一次的觀察結果，每一縱列則代表一個特徵），以及一個一維的輸出陣列（其大小就等於觀察結果的數量）。

最後剩下的唯一工作，就是針對特定的輸入值調用 predict 函式：

```
## 結果
res = neural_net.predict([[0, 0, 0, 0, 0]])
print(res)
# [94.94925927]
```

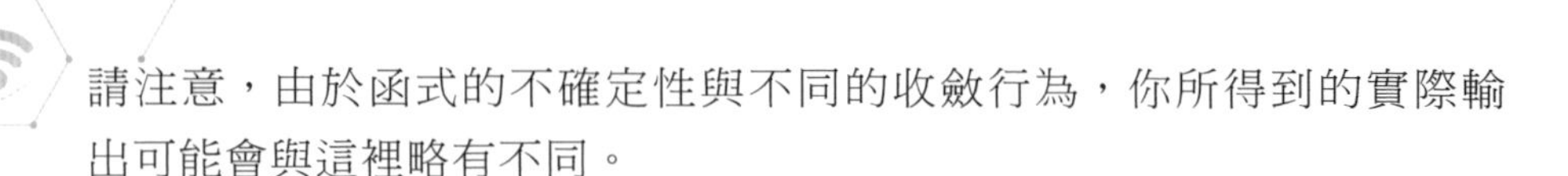

請注意，由於函式的不確定性與不同的收斂行為，你所得到的實際輸出可能會與這裡略有不同。

簡而言之：如果 ...

- ... 你在上週訓練了 0 個小時，
- ... 你是 0 年前才開始學習資訊科學，
- ... 你的書架上有 0 本程式設計的書籍，
- ... 你花費了 0% 的時間來實作真正的 Python 專案，而且
- ... 你靠著自己的程式設計技能，賺到了 $ 0，

根據神經網路的估計，你的技術水準應該是**非常**低的（Finxter 評分為 94，表示你連 `print("hello, world")` 這樣的 Python 程式碼都很難理解）。

因此，我們就來改變一下：如果你在一週內花費 20 個小時學習，然後在一周之後重新檢視神經網路，會得到什麼樣的結果呢：

```
## 結果
res = neural_net.predict([[20, 0, 0, 0, 0]])
print(res)
# [440.40167562]
```

還不錯，你的技能有了明顯的提升！不過你對這個評分還是不太滿意，對吧？（高於平均水準的 Python 程式設計者，在 Finxter 的評分至少會在 1500–1700 左右。）

沒問題。去買 10 本 Python 書吧（你已經買了本書，所以還差 9 本）。我們再來看看你的評分發生了什麼變化：

```
## 結果
res = neural_net.predict([[20, 0, 10, 0, 0]])
print(res)
# [953.6317602]
```

你再次取得了重大的進展，你的評分提高了一倍！不過，光只是購買 Python 相關書籍，並不會對你有很大的幫助。你還需要好好學習才行！我們就來好好學習一整年吧：

```
## 結果
res = neural_net.predict([[20, 1, 10, 0, 0]])
print(res)
# [999.94308353]
```

情況並沒有出現很大的改變。這就是我不太信任神經網路的理由。我認為你的表現至少應該可以達到 1500 才對。不過這也就表示，神經網路只能達到訓練資料一樣程度的表現。我們的資料實在太有限，而神經網路本身也無法真正克服此限制：少量的資料點只能含有非常少量的知識。

不過你並不打算放棄，對吧？接下來，你花費 50% 的時間，以一個 Python 自由工作者的身份，投入到 Python 技能相關的工作之中：

```
## 結果
res = neural_net.predict([[20, 1, 10, 50, 1000]])
print(res)
# [1960.7595547]
```

哇！突然之間，神經網路就把你視為專家級的 Python 程式設計者。這確實可算是神經網路明智的預測！至少花一年的時間學習 Python，並做過一些實際的專案，確實可以讓你成為一名出色的程式設計者。

總結來說，你已經學會神經網路相關的基礎知識，也知道如何在 Python 一行程式碼中加以運用。有趣的是，這些問卷資料可以讓我們看到，從實際的專案開始下手，甚至一開始就從事專案工作，對你的學習成功至關重要。神經網路當然知道這點。如果你想成為一個自由工作者，想學習一些實際的策略，請透過 *https://blog.finxter.com/webinar-freelancer/* 加入最新 Python 自由工作者的免費網路研討會。

我們在下一節會更深入研究另一種強大的模型表達方式：決策樹。神經網路的訓練成本有可能非常昂貴（通常需要多部機器、耗費許多小時、有時甚至是好幾個禮拜的時間來進行訓練），而決策樹則是一種相對輕量級的做法。儘管如此，但它確實也是從訓練資料中提取出模式的另一種快速而有效的方法。

決策樹學習

決策樹（*decision tree*）可說是你機器學習工具箱裡很強大又很直觀的一個工具。決策樹的一大優勢在於，一般人通常都可以看懂決策樹所要表達的涵義，而其他機器學習技術多半沒有這樣的優點。你可以輕鬆訓練決策樹，並把它呈現給你的主管看，他們並不需要瞭解任何關於機器學習的知識，就能瞭解你模型的作用。對於那些經常需要為自己的模型辯護、並把結果提交給管理層的資料科學家而言，這個優點實在太重要了。我們打算在本節向你展示，在 Python 一行程式碼中運用決策樹的做法。

基礎

與許多機器學習演算法不同的是，決策樹背後的想法很可能與你本身的經驗很類似。它代表的是一種決策的結構化做法。每次的決策都會開啟新的分支。只要回答一系列的問題，最後你就可以獲得建議的結果。圖 4-20 顯示的就是一個範例。

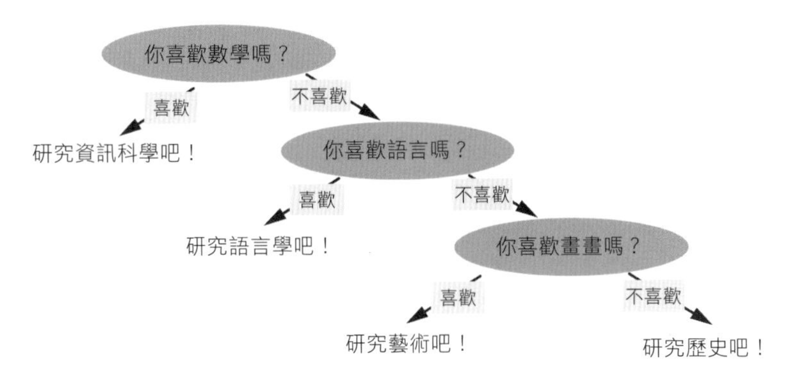

圖 4-20：推薦研究主題的簡化決策樹

決策樹可用於分類問題，例如「根據我的興趣，我應該鑽研哪一門學科？」首先從最頂部開始。接下來可能要反覆回答一些問題，並選出最能夠描述你個人特徵的選項。最後你會到達樹狀結構的**葉子節點**（*leaf node*），也就是下面已經沒有子節點了。這個節點就是根據你所選擇的個人特徵，最後所推薦的類別。

決策樹學習可能會有許多細微的差異。譬如在前面的範例中，第一個問題就比最後一個問題具有更大的權重。如果你喜歡數學，決策樹就永遠不會推薦藝術或語言學。這個特性很有用，因為對於分類決策來說，某些特徵確實有可能比其他特徵重要得多。舉例來說，假設有一個可預測你目前健康狀況的分類系統，它確實有可能一開始就利用你的性別（特徵），排除掉許多可能的疾病（類別）。

因此，決策節點的順序確實會影響最佳化的表現：我們應該把一些對於最終分類有重大影響的特徵，盡可能放到比較接近頂部的位置。在決策樹學習中，你也可以把一些對於最終分類影響很小的問題整併起來，如圖 4-21 所示。

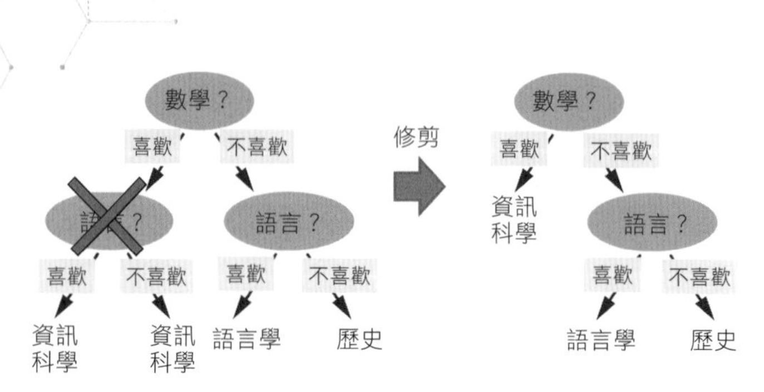

圖 4-21：適當修剪決策樹，可提高決策樹學習的效率。

假設完整的決策樹原本是左側的樣子。理論上來說，每一個特徵應該都可以區分出兩種不同的分類結果（樹葉）。不過，有些特徵在某些情況下確實無法區分出兩種不同的分類（例如圖 4-21 左側的第一個「語言」決策節點）。出於效率上的考量，在決策樹學習的過程中就應該有效剔除掉這些節點，這個程序就稱為「修剪（*pruning*）」。

程式碼

你可以用 Python 一行程式碼建立自己的決策樹。列表 4-6 顯示的就是相應的做法。

```
## 依賴的模組套件
from sklearn import tree
import numpy as np


## 資料：學生成績（數學，語言，創造力）--> 研究領域
X = np.array([[9, 5, 6, "computer science"],
              [1, 8, 1, "linguistics"],
              [5, 7, 9, "art"]])


## 一行程式碼
Tree = tree.DecisionTreeClassifier().fit(X[:,:-1], X[:,-1])

## 題目與解答
student_0 = Tree.predict([[8, 6, 5]])
print(student_0)
```

```
student_1 = Tree.predict([[3, 7, 9]])
print(student_1)
```

列表 4-6：決策樹分類的一行程式碼

各位不妨猜猜看，這段程式碼會有什麼樣的輸出結果！

原理說明

這段程式碼裡的資料，描述的是三個學生在數學、語言與創造力三個方面進行評估之後相應的技能水準（1-10 分）。你也知道這些學生所鑽研的學科。舉例來說，第一個學生在數學方面有很高的技能，而他鑽研的是資訊科學。第二個學生的語言能力比另外兩個技能強很多，而他鑽研的是語言學。第三名學生擅長的是創造力，鑽研的則是藝術。

這裡的一行程式碼建立了一個新的決策樹物件，並針對已標記的訓練資料（最後一縱列就是相應各行所標記的標籤），運用 fit() 函式來訓練模型。它在內部建立了三個節點，每個節點對應一個特徵：數學、語言、創造力。在預測 student_0（數學 = 8，語言 = 6，創造力 = 5）所屬的類別時，決策樹送回來的是資訊科學。模型經過學習之後，（高，中，中）這樣的特徵模式就會指向第一種類別。另一方面，當我們送進（3、7、9）時，決策樹的預測就是「藝術」，因為它已經學會（低，中，高）這樣的分數就暗示著他屬於第三種類別。

注意，這個演算法並不是完全確定而不會改變的。換句話說，當我們兩次執行相同的程式碼時，有可能會出現不同的結果。這對於使用到隨機生成器的機器學習演算法來說，是很常見的情況。在這裡的例子中，特徵的順序是隨機決定的，因此最終的決策樹確實有可能具有不同的特徵順序。

總結來說，當我們要建立人類可讀的機器學習模型時，決策樹就是一種相當直觀的做法。每個分支都可以代表我們根據新樣本的單一特徵，所做出的一種選擇。樹的葉子則可以代表最終的預測（分類或迴

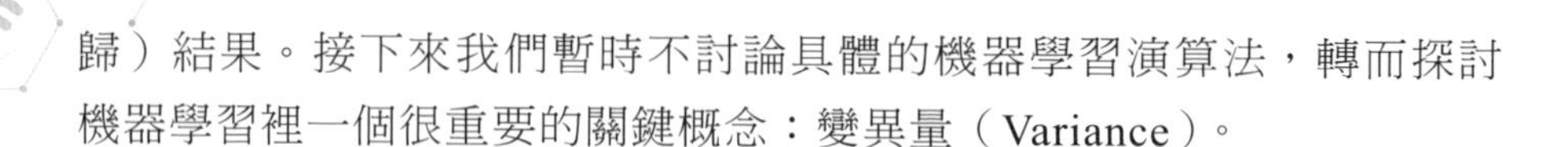

歸）結果。接下來我們暫時不討論具體的機器學習演算法，轉而探討機器學習裡一個很重要的關鍵概念：變異量（Variance）。

取出變異量最小的資料行

你或許聽過，大數據領域有幾個很重要的 V：Volume（數量）、Velocity（速度）、Variety（多樣性）、Veracity（真實性）、Value（價值）。**變異量**（*Variance*）則是另一個很重要的 V：它測量的是資料與平均值之間的期望（平方）偏差量。實務上來說，無論金融服務、天氣預報或圖片處理等相關應用領域，變異量都是一個很重要的衡量值。

基礎

變異量所要衡量的是，資料在一維或多維空間中圍繞其平均散開的程度。稍後你就會看到一個圖形的範例。實際上，變異量是機器學習最重要的屬性之一。它可以用一種通用的方式，擷取出資料的特定模式 —— 機器學習的目的，就是要辨識出特定的模式。

許多機器學習演算法，多多少少都依賴於某種形式的變異量。舉例來說，**偏差量**（*bias*）**與變異量**（*variance*）**之間的取捨**，就是機器學習其中一個眾所周知的問題：比較複雜的機器學習模型可以非常準確呈現訓練資料（低偏差量），但同時也可能存在資料過度套入的風險（高變異量）。另一方面，簡單的模型通常可以做出很好的歸納（低變異量），但卻無法非常準確表達資料（高偏差量）。

那麼變異量究竟是什麼呢？它是一個很簡單的統計屬性，可擷取出資料集相對其平均值散開的程度。圖 4-22 顯示了兩組資料集的範例：其中一組具有低變異量，另一組則具有高變異量。

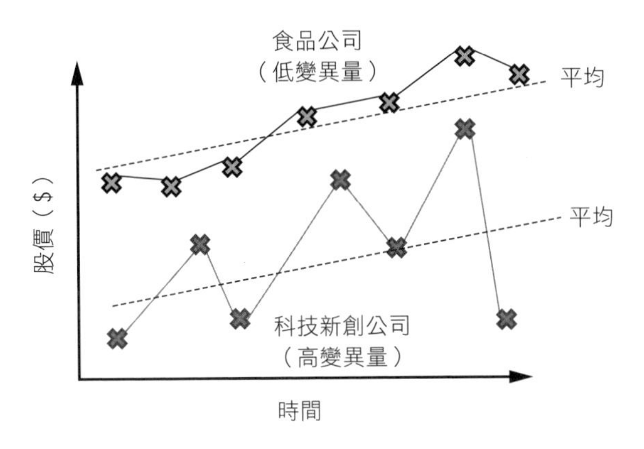

圖 4-22：兩家公司股價的變異量比較

這個範例顯示的是兩家公司的股價。其中一家科技新創公司的股價，在平均價格附近有很大的波動。另一家食品公司的股價則相當穩定，在平均價格附近只有很小的波動。換句話說，科技新創公司具有很大的變異量，而食品公司則具有很小的變異量。

如果用數學術語來說，我們可以運用下面的公式，計算出一組數值 X 的變異量 $var(X)$：

$$var(X) = \sum_{x \in X} (x - \bar{x})^2$$

$\bar{x}$ 這個值就是 X 裡所有資料的平均值。

程式碼

隨著年齡增長，許多投資者都希望能降低投資組合的整體風險。在這樣的投資理念主導之下，你應該會把變異量比較小的股票，視為風險比較小的投資工具。用比較粗略的方式來說，相較於比較小型的技術新創公司，投資一些比較穩定、可預測的大型公司或許比較不會損失太多的錢。

列表 4-7 裡一行程式碼的目標，就是在你的投資組合中識別出具有最小變異量的股票。只要針對該股票投資比較多的資金，你就可以預期你的投資組合將擁有比較低的整體變異量。

```
## 依賴的模組套件
import numpy as np

## 資料：每一橫行對應不同股票，每一縱列皆對應股價
X = np.array([[25,27,29,30],
              [1,5,3,2],
              [12,11,8,3],
              [1,1,2,2],
              [2,6,2,2]])


## 一行程式碼
# 找出變異量最小的股票
min_row = min([(i,np.var(X[i,:])) for i in range(len(X))], key=lambda x:
x[1])


## 題目與解答
print("Row with minimum variance: " + str(min_row[0]))
print("Variance: " + str(min_row[1]))
```

列表 4-7：用一行程式碼計算出最小變異量

這段程式碼會有什麼樣的輸出呢？

原理說明

照慣例，我們會先把資料定義好（參見列表 4-7 前面的部分），然後再執行一行程式碼。X 這個 NumPy 陣列有五個橫行（每一橫行代表投資組合中的一支股票），每一橫行都有四個值（全都是股價）。

我們的目的是找出變異量最小的股票 ID 與相應變異量的值。因此，一行程式碼最外層的函式就是 min() 函式。不過，min() 函式執行的對

象，應該是一堆 tuple 元組（a，b），其中每個元組的第一個值 a 應該是橫行索引（股票 ID），第二個值 b 則是該橫行的變異量。

你可能會問：針對這樣的一堆元組取最小值，實際上究竟是以哪一個值為基準？在使用 min() 之前，當然要先做好正確的定義。因此，我們在 min() 函式中使用了 key 參數。key 參數可接受一個函式，在給定一堆資料的情況下，送回一個可用來進行比較的物件值。還記得嗎？我們想要的是從一堆 tuple 元組中，找出其中變異量（元組裡的第二個值）最小的那個 tuple 元組。由於變異量是 tuple 元組裡的第二個值，因此我們在 key 參數中就把 x[1] 送回去做為比較的基準。換句話說，哪一個 tuple 元組的第二個值最小，這個 tuple 元組就會勝出。

我們再來看一下，如何建立過程所需的那一堆元組。這裡可以運用解析式列表，針對每一橫行（股票）的索引值，建立一個相應的 tuple 元組。元組的第一個元素，就是第 *i* 橫行的索引值 *i*。元組的第二個元素，則是這一橫行的變異量。你可以使用 NumPy 的 var() 函式，搭配切取片段的做法，計算出整行資料相應的變異量。

最後，一行程式碼的結果如下：

```
"""
Row with minimum variance: 3
Variance: 0.25
"""
```

我想補充一點，解決此問題還有另一種做法。如果本書不是專門討論 Python 一行程式碼，其實我比較想用下面的解法，而不是採用一行程式碼的做法：

```
var = np.var(X, axis=1)
min_row = (np.where(var==min(var)), min(var))
```

我們的第一行程式碼，會先沿著縱列方向（`axis = 1`）計算出 `X` 這個 NumPy 陣列裡每一橫行的變異量。第二行程式碼再負責建立最後的 tuple 元組。元組的第一個值，就是變異量陣列中最小值相應的索引。元組的第二個值，則是變異量陣列中的最小值。請注意，實際上可能會有很多橫行，全都具有相同的（最小）變異量。

這個解法具有更好的可讀性。因此，簡潔性與可讀性之間顯然需要進行一番取捨。就算你可以把所有東西塞進一行程式碼，也不代表你就應該這麼做。如果沒有其他考量的話，盡可能寫出簡潔易讀的程式碼，依然是比較好的做法，而一些不必要的定義、註解或中間步驟，反而有可能搞亂你的程式碼。

學習過本節關於變異量的基礎知識之後，你應該已經做好準備，可以進一步學習如何計算一些基本的統計量了。

一些基本的統計量

身為一個資料科學家與機器學習工程師，你一定要瞭解一些基本的統計數字。有一些機器學習演算法，完全是以統計數字做為其基礎（例如貝氏網路；Bayesian network）。

舉例來說，從矩陣提取出一些基本的統計數字（例如平均值、變異量與標準差），在分析各種資料集時（例如金融數據資料、健康資料或社群媒體資料）是很重要的一件事。隨著機器學習與資料科學的興起，瞭解如何善用 NumPy（它是 Python 資料科學、統計資料與線性代數的核心），對於整個市場來說一定會越來越有價值。

在這裡的一行程式碼中，我們會學習如何使用 NumPy，計算出一些基本的統計數字。

基礎

本節說明的是如何沿著某個軸，計算出相應的平均值、標準差與變異量。這三種計算非常相似；如果你瞭解了其中一種，應該就能全部理解了。

以下就是你所要實現的目標：給定一個包含股票資料的 NumPy 陣列，其中每一橫行代表不同的公司，每一縱列則代表每日的股價；我們的目標就是找出每家公司股價的平均值與標準差（參見圖 4-23）。

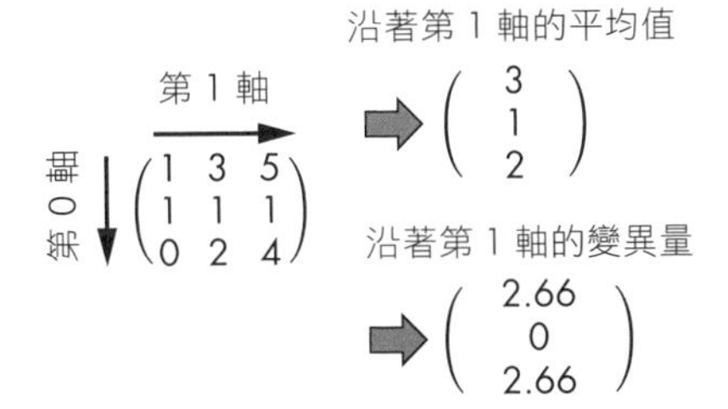

圖 4-23：沿著第 1 軸所得出的平均值與變異量

這裡的範例顯示的是一個二維的 NumPy 陣列，不過以實務上來說，即使是更高維度的陣列也沒有問題。

簡單的平均值、變異量、標準差

在研究如何用 NumPy 完成任務之前，我們先慢慢打造出你所需瞭解的一些背景知識。假設你要計算的是 NumPy 陣列中所有值的簡單平均值、變異量或標準差。你已經在本章看過平均值與變異量函式的範例。標準差也只不過就是變異量的平方根。你只要使用下面的函式，就可以輕鬆計算出所要的值：

```
import numpy as np

X = np.array([[1, 3, 5],
              [1, 1, 1],
              [0, 2, 4]])
```

```
print(np.average(X))
# 2.0

print(np.var(X))
# 2.4444444444444446

print(np.std(X))
# 1.5634719199411433
```

或許你已經注意到，那些函式全都是套用在 X 這個二維的 NumPy 陣列。不過 NumPy 會自動把陣列展平，然後針對展平後的陣列計算相應的函式。舉例來說，展平後的 NumPy 陣列 X 相應的簡單平均值計算過程如下：

$$(1 + 3 + 5 + 1 + 1 + 1 + 0 + 2 + 4) / 9 = 18 / 9 = 2.0$$

沿軸計算平均、變異、標準差

不過，有時候你想要沿著某個軸計算這些函式。你只要在 average、var、std 這幾個函式中指定 axis 這個參數值就可以了（關於 axis 參數的詳細介紹，可參見第 3 章）。

程式碼

列表 4-8 顯示的就是如何沿著某個軸計算平均值、變異量與標準差的做法。我們的目標是計算出二維矩陣中所有股票相應的平均值、變異量與標準差，其中二維陣列裡的每一橫行代表不同的股票，而每一縱列則代表每日的股價。

```
## 依賴的模組套件
import numpy as np


## 股價資料：5 家公司
```

```
# ( 每一橫行的資料：[ 第 1 天價格 , 第 2 天價格 , ...])
x = np.array([[8, 9, 11, 12],
              [1, 2, 2, 1],
              [2, 8, 9, 9],
              [9, 6, 6, 3],
              [3, 3, 3, 3]])


## 一行程式碼
avg, var, std = np.average(x, axis=1), np.var(x, axis=1), np.std(x, axis=1)


## 題目與解答
print("Averages: " + str(avg))
print("Variances: " + str(var))
print("Standard Deviations: " + str(std))
```

列表 4-8：沿著某個軸計算出相應的基本統計數字

各位不妨猜猜會有什麼樣的輸出結果！

原理說明

這一行程式碼運用 axis 這個關鍵字指定要沿著哪一個軸，以計算出相應的平均值、變異量與標準差。舉例來說，如果沿著 axis = 1 執行這三個函式，每一橫行就會被匯整成單一的值。如此一來，所得出的 NumPy 陣列相應的維數就會減少為 1。

最後的輸出結果如下：

```
"""
Averages: [10.   1.5  7.   6.   3. ]
Variances: [2.5  0.25 8.5  4.5  0.  ]
Standard Deviations: [1.58113883 0.5   2.91547595 2.12132034 0.   ]
"""
```

繼續研究後面的一行程式碼之前，我想向你展示如何把相同的構想運用到更高維度的 NumPy 陣列。

針對高維度 NumPy 陣列其中的某個軸進行平均計算時，其實就是針對 axis 參數所定義的軸進行匯整運算。下面就是一個範例：

```
import numpy as np

x = np.array([[[1,2], [1,1]],
              [[1,1], [2,1]],
              [[1,0], [0,0]]])


print(np.average(x, axis=2))
print(np.var(x, axis=2))
print(np.std(x, axis=2))

"""
[[1.5 1. ]
 [1.  1.5]
 [0.5 0. ]]
[[0.25 0.  ]
 [0.   0.25]
 [0.25 0.  ]]
[[0.5 0. ]
 [0.  0.5]
 [0.5 0. ]]
"""
```

這裡的三個範例都是沿著第 2 軸（最內軸）計算相應的平均值、變異量與標準差（參見第 3 章）。換句話說，第 2 軸的所有值全都會被整併成一個值，因此所得出的結果陣列就不會有第 2 軸了。請好好研究這三個範例，弄清楚第 2 軸如何整併成單一的平均值、變異量與標準差。

總結來說，各種不同的資料集（包括金融數據資料、各種健康資料與社群媒體資料）所涵蓋的範圍相當廣泛，我們通常都可以從這些資料集內提取出一些基本而深入的見解。本節的內容可讓你更深入理解如何運用功能強大的 NumPy 工具組，從多維陣列中迅速而有效提取出一些基本的統計數字。在許多機器學習演算法的基本預處理步驟中，經常都會運用到這些技巧。

用支撐向量機進行分類

支撐向量機（*SVM*；*Support-Vector Machine*）近年來獲得廣泛而普遍的應用，因為即使在高維度空間，它在分類方面仍具有強大的表現。出人意料的是，就算維度（特徵）比資料項還多，SVM 還是可以正常運作。這對於分類演算法來說很不尋常，因為一般來說存在所謂「維度詛咒（*curse of dimensionality*）」的問題：隨著維度的增加，資料會變得極為稀疏，使得演算法很難從資料集內找出特定的模式。理解 SVM 的基本構想，就是成為高階機器學習工程師的一個基本步驟。

基礎

分類演算法是怎麼運作的呢？它會運用訓練資料找出決策邊界（decision boundary），把資料劃分成兩種類別（在第 126 頁的「邏輯迴歸」一節中，決策邊界指的就是 S 型函式的機率是否低於或高於 0.5 的門檻值）。

從比較高的角度來看分類這件事

圖 4-24 顯示的就是一般分類器的範例。

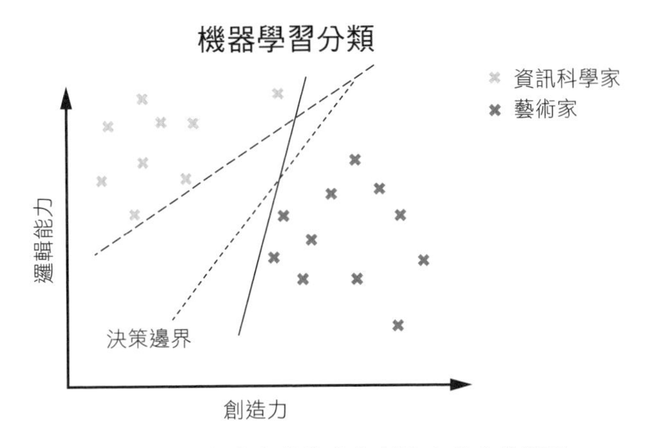

圖 4-24：資訊科學家與藝術家各種能力的分佈情況

假設你想針對一群有抱負的大學生，打造出一套推薦系統。圖 4-24 把我們的訓練資料改用視覺化的方式呈現，其中每個人都可以根據「邏輯能力」與「創造力」這兩方面的能力進行分類。有些人邏輯能力高，創造力相對較低；有些人則具有很高的創造力與相對較低的邏輯能力。第一群人會被標記為**資訊科學家**，第二群人則會被標記為**藝術家**。

為了對新人進行分類，機器學習模型必須找出一個可以把資訊科學家與藝術家區分開來的決策邊界。大體上來說，你可以根據每個人相對於決策邊界的位置，對人們進行分類。在這個範例中，你會把落在左側區域的人歸類為資訊科學家，落在右側區域的人則歸類為藝術家。

在二維空間中，決策邊界有可能是一條直線或（高階）曲線。前者可稱之為**線性分類器**，後者則稱之為**非線性分類器**。我們在本節只會探討線性分類器。

圖 4-24 顯示了三個決策邊界，全都可以有效區分資料所屬的類別。在這個範例中，我們並沒有辦法以量化的方式判斷哪一個決策邊界比較好，因為在對訓練資料進行分類時，每一個都可以給出完美的準確度。

不過，什麼才是最佳的決策邊界？

支撐向量機針對這個問題，提供了獨特而漂亮的答案。我們可以說，最佳的決策邊界可提供最大的安全餘裕（margin of safety）。換句話說，SVM 可以讓決策邊界與最靠近的資料點之間撐開最大的距離。其目標就是針對那些很靠近決策邊界的新資料點，能夠以最大程度容許其誤差。

圖 4-25 顯示的就是一個範例。

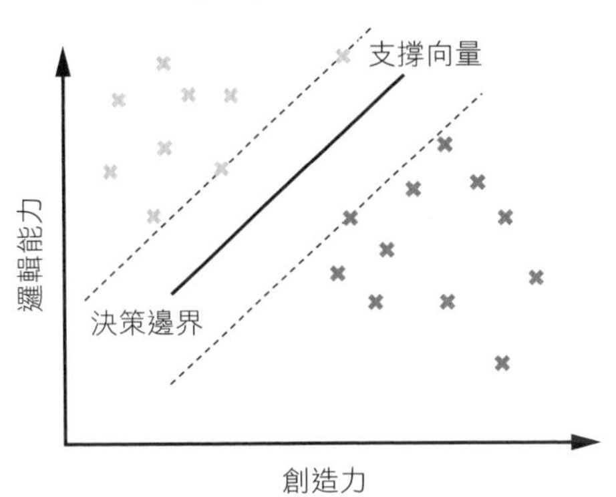

圖 4-25：支撐向量機可以讓決策邊界兩邊的誤差餘裕最大化。

SVM 分類器可找出相應的支撐向量（support vector），讓支撐向量中間的區域盡可能撐得越開越好。這裡的支撐向量指的就是落在決策邊界兩邊平行虛線上的那些資料點。這兩條虛線代表的就是**餘裕**（*margin*）。決策邊界就是落在兩條虛線中間，兩邊都有最大餘裕的那條線。由於決策邊界兩邊撐開的餘裕空間是最大的，因此在對新資料點進行分類時，**可容許的誤差**範圍也是最大的。對於許多實際的問題來說，這個構想確實可呈現出很高的分類準確度。

程式碼

有沒有可能在 Python 的一行程式碼中建立你自己的 SVM 呢？請看一下列表 4-9。

```
## 依賴的模組套件
from sklearn import svm
import numpy as np


## 資料：學生成績（數學，語言，創造力）--> 研究領域
X = np.array([[9, 5, 6, "computer science"],
              [10, 1, 2, "computer science"],
              [1, 8, 1, "literature"],
              [4, 9, 3, "literature"],
```

```
              [0, 1, 10, "art"],
              [5, 7, 9, "art"]])


## 一行程式碼
svm = svm.SVC().fit(X[:,:-1], X[:,-1])


## 題目與解答
student_0 = svm.predict([[3, 3, 6]])
print(student_0)

student_1 = svm.predict([[8, 1, 1]])
print(student_1)
```

列表 4-9：SVM 分類的一行程式碼

各位不妨猜一猜，這段程式碼會有什麼樣的輸出。

原理說明

這段程式碼示範了如何在 Python 運用支撐向量機的最基本形式。NumPy 陣列保存著已標記的訓練資料，其中每一橫行代表一個人，每一縱列則代表一項個人特徵（數學、語言、創造力的技能水準）。最後一個縱列則是（類別）標籤。

因為你擁有的是三維的資料，所以支撐向量機會採用二維的平面（線性）來區分資料，而不是採用一維的直線。在前面的範例可以看到，它會把資料區分成三種類別，而不只是區分成兩種類別。

這裡的一行程式碼本身很簡單：首先運用 `svm.SVC` 這個物件類別的建構函式來建立模型（*SVC* 就是 *support-vector classification* 支撐向量分類的縮寫）。接著調用 `fit()` 函式，根據已標記的訓練資料進行訓練。

在這段程式碼的結果部分，你可以針對新觀察值調用 `predict()` 函式。由於 `student_0` 的技能為數學 = 3、語言 = 3、創造力 = 6，因此支撐向量機預測其標籤為**藝術**，相當符合該學生的技能。同樣的，`student_1` 的技能為數學 = 8、語言 = 1、創造力 = 1。因此，支撐向量機預測其標籤為**資訊科學**，也很符合該學生的技能。

下面就是一行程式碼最終輸出的結果：

```
## 題目與解答
student_0 = svm.predict([[3, 3, 6]])
print(student_0)
# ['art']

student_1 = svm.predict([[8, 1, 1]])
print(student_1)
## ['computer science']
```

總結來說，就算特徵比訓練資料向量還多，SVM 在高維度空間還是有很好的表現。最大化**安全餘裕**的想法很直觀，而且在面對那些**很靠近邊界的資料**（boundary cases；也就是落在安全餘裕內的向量）進行分類時，同樣可以有很可靠的表現。接下來，本章最後一節打算往後退一步，回頭檢視一種可用來進行分類的「後設演算法」（meta-algorithm）：運用隨機森林的做法，來實現整體學習的效果。

用隨機森林進行分類

我們繼續來探索另一種激動人心的機器學習技術：**整體學習**（*ensemble learning*）。如果你的預測準確度不夠，但你需要在最後期限之前不惜一切代價做出判斷，以下就是我粗魯但有效的一種做法：嘗試結合多種機器學習演算法的預測（或分類）結果，我們姑且稱之為「後設學習」（meta-learning）做法。在許多情況下，這樣的做法可以在最後一刻為你提供更好的結果。

基礎

在前幾節中，我們研究了多種機器學習演算法，可用來快速得出結果。不過，不同的演算法各自具有不同的優勢。舉例來說，神經網路分類器可以針對複雜的問題給出很棒的結果。但由於它具有記憶資料細粒度模式的強大能力，因此也很容易過度套入資料。以分類問題來說，通常你事先並不知道哪一種機器學習技術最有效，而整體學習的做法則可在某種程度上克服這樣的問題。

這究竟是什麼原理呢？在這樣的做法中，你會建立一個「後設分類器」（meta-classifier），它是由多種類型或多個基本機器學習演算法實例所組成。換句話說，你會同時訓練許多個模型。為了要對單一觀察進行分類，你要求所有模型針對這個輸入，分別獨立進行分類。根據你的輸入，各個模型都會送回所預測的分類結果，接著再把其中得票最高的類別，當成所謂的「**後設預測**」（*meta-prediction*）。這就是整體學習演算法最終的輸出結果。

隨機森林（*Random forests*）是整體學習演算法其中一種比較特殊的類型。它主要是聚焦於決策樹學習。所謂的森林，都是由許多樹所組成。同樣的，隨機森林也是由許多決策樹所組成。在訓練階段生成樹的過程中，可注入一些隨機性（例如以隨機方式決定先選取哪個樹節點），構建出許多不同的決策樹。這樣就可以得到各式各樣不同的決策樹，這正是你想要的結果。

圖 4-26 顯示的就是一個經過訓練的隨機森林，在特定情境下做出預測的過程。假設 Alice 具有很高的數學和語言能力。這個隨機森林整體是由三個決策樹所組成。為了對 Alice 進行分類，我們必須向每個決策樹查詢 Alice 的分類結果。其中兩個決策樹把 Alice 歸類為資訊科學家。由於這是票數最多的類別，因此就以它做為分類的最終輸出結果。

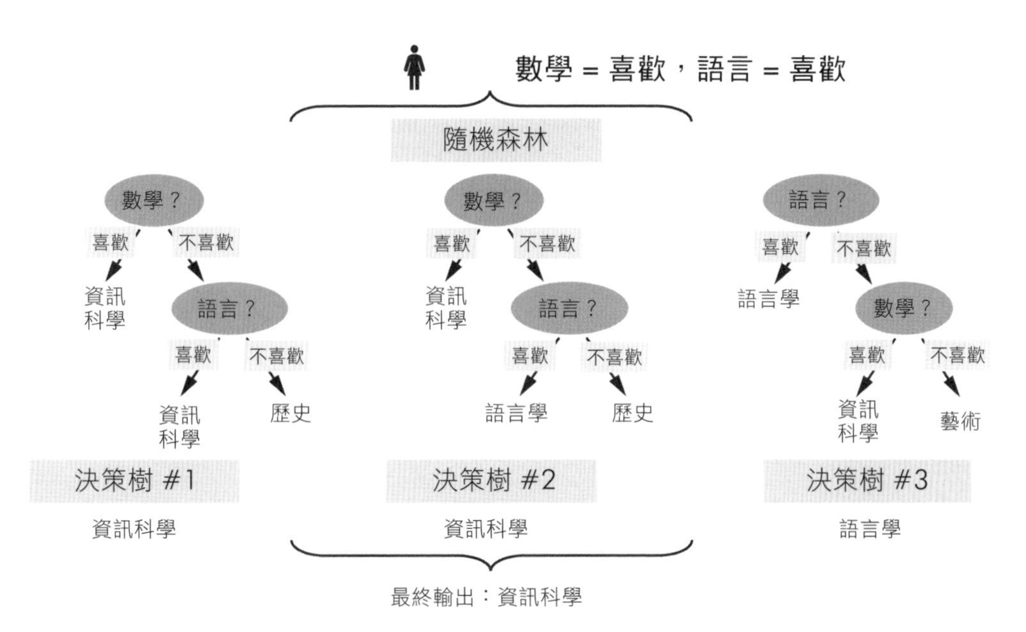

圖 4-26：隨機森林分類器匯整了三個決策樹的輸出

程式碼

我們可針對這個範例，根據學生在三個領域（數學、語言、創造力）的技能水準，對他們的研究領域做出分類。你可能認為在 Python 要實作出整體學習方法很複雜。但情況並非如此，這全都要感謝功能全面的 scikit-learn 函式庫（參見列表 **4-10**）。

```
## 依賴的模組套件
import numpy as np
from sklearn.ensemble import RandomForestClassifier


## 資料：學生成績（數學，語言，創造力）--> 研究領域
X = np.array([[9, 5, 6, "computer science"],
              [5, 1, 5, "computer science"],
              [8, 8, 8, "computer science"],
              [1, 10, 7, "literature"],
```

```
              [1, 8, 1, "literature"],
              [5, 7, 9, "art"],
              [1, 1, 6, "art"]])


## 一行程式碼
Forest = RandomForestClassifier(n_estimators=10).fit(X[:,:-1], X[:,-1])

## 結果
students = Forest.predict([[8, 6, 5],
                           [3, 7, 9],
                           [2, 2, 1]])
print(students)
```

列表 4-10：用隨機森林分類器進行整體學習

你不妨猜一猜：這段程式碼會有什麼樣的輸出？

原理說明

列表 4-10 一開始用已標記的訓練資料做好初始化的工作之後，程式碼就運用 `RandomForestClassifier` 這個物件類別的建構函式建立一個隨機森林，其中的 `n_estimators` 參數定義的是森林中決策樹的數量。接著再調用 `fit()` 函式，把先前的初始化資料填入模型（空森林）之中。其中輸入的訓練資料，就是 `X` 這個陣列除了最後一個縱列以外的所有其他內容，而訓練資料的標籤則是定義在最後一個縱列。與前面的範例一樣，你可以運用切取片段的做法，從 `X` 這個資料陣列提取出相應的縱列。

在這段程式碼中，預測部分的輸入參數寫法略有不同。我想趁機向你展示如何針對多組觀察值進行分類的做法，而不只是針對一組觀察值進行分類。為了實現此目的，我們在這裡建立了一個多維的陣列，其中每一橫行代表一組觀察值。

以下就是這段程式碼的輸出結果：

```
## 結果
students = Forest.predict([[8, 6, 5],
                           [3, 7, 9],
                           [2, 2, 1]])
print(students)
# ['computer science' 'art' 'art']
```

請注意，這裡的結果有可能和你看到的並不相同（每次執行程式碼都有可能得到不同的執行結果），這是因為隨機森林演算法依賴於隨機數生成器，它會在不同時間點送回不同的數字。你可以運用 `random_state` 這個整數參數，讓每次調用此函式都得到一樣的結果。舉例來說，你可以在調用隨機森林的構建函式時，設定 `random_state = 1`：`RandomForestClassifier(n_estimators=10, random_state=1)`。如此一來，每次建立新的隨機森林分類器時，便會得到相同的輸出結果，因為隨機數全都以整數 1 做為 seed，這樣一來就會創建出相同的隨機數。

總結來說，本節介紹了一種分類的「後設做法」（meta-approach）：運用各式各樣不同決策樹的輸出，來降低分類誤差的變異量。這是整體學習的其中一種版本，它會把許多基本模型組合起來，變成一個可善用各自優勢的單一「後設模型」（meta-model）。

NOTE 兩種不同的決策樹有可能導致誤差出現極大的變異：也許其中一種可生成良好的結果，另一種效果卻很差。在這樣的情況下，只要運用隨機森林的做法，就可以降低一些不良的影響。

這種構想有很多不同的變形做法，在機器學習領域也很常見，如果你需要快速提高預測的準確度，只需要多執行幾個機器學習模型，再綜合評估其輸出以找出最佳結果即可（這經常是機器學習專業工作者粗魯但快速的一種秘密做法）。某種程度上來說，整體學習技術其實就是自動針對不同機器學習模型的輸出，進行選取、比較與整合，原本在實際的機器學習流程中，這些通常都是靠專家們才能完成的工作。整

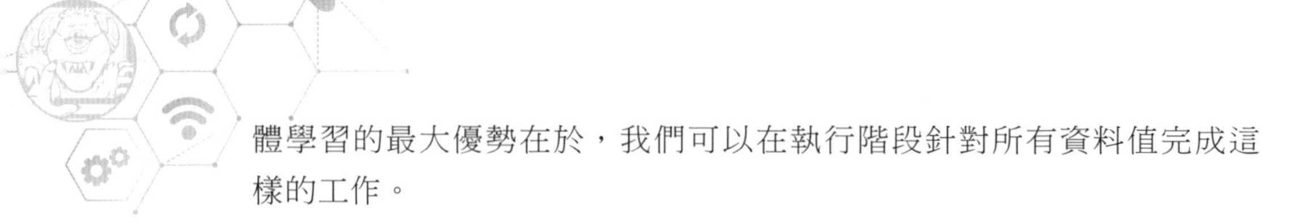

體學習的最大優勢在於，我們可以在執行階段針對所有資料值完成這樣的工作。

小結

本章涵蓋 10 種基本的機器學習演算法，這些演算法對於你在這個領域的成功至關重要。我們學會了一些可用來預測數值的迴歸演算法（例如線性迴歸、K 最近鄰（KNN）、神經網路），也學會了一些可用來進行分類的演算法（例如邏輯迴歸、決策樹學習、SVM 支撐向量機與隨機森林）。

此外，我們還學習到如何計算多維資料陣列的一些基本統計數字，以及如何運用 K 均值演算法進行無監督式學習。這些全都是機器學習領域最重要的一些演算法，如果你想成為一個機器學習工程師，還有很多需要進一步鑽研的東西。認真學習是值得的，機器學習工程師在美國通常可以賺到六位數的薪水（簡單搜尋一下網路，就可以確認這件事）！對於想要深入學習機器學習的學生，我推薦 Andrew Ng 所提供的優秀（且免費）的 Coursera 課程（免費線上大學課程）。你只要查詢自己最喜歡的搜尋引擎，就可以在網路上找到相關的課程資料。

我們在下一章打算研究高效率程式設計師最重要（也最被低估）的技能之一：正則表達式。本章在概念方面的內容比較多一些（你學習到的大多是一般可通用的構想，而 scikit-learn 函式庫則承擔了其中最繁重的工作），不過下一章則具有高度的技術性。所以囉，捲起袖子繼續往下讀吧！

5

正則表達式

在字串中找出基本的文字特定模式

用正則表達式寫出你的第一個網路爬蟲

分析 **HTML** 文件裡的超鏈結

從字串中提取出金額數字

找出不安全的 **HTTP** 網址

驗證使用者所輸入的時間格式（第一種做法）

驗證使用者所輸入的時間格式（第二種做法）

偵測出字串中的重複部分

偵測出單詞重複出現的情況

修改多行字串中符合特定模式的文字

你是辦公室的員工、學生、軟體開發者、經理人、部落客、研究員、作家、廣告文案、老師，還是自由工作者？你或許每天都會在電腦前花費許多時間。只要能提高每天的工作效率（就算只提高一小部分），都有可能帶來價值好幾千（甚至好幾萬）美元的生產效率提升，而且額外多出好幾百小時的自由時間。

本章打算教你一項被低估的技術：正則表達式。它可以協助程式設計者，在運用文字資料時更有效率。本章打算介紹 10 種運用正則表達式的方法，以更少的時間、精神與體力，解決一些日常的問題。請務必仔細研究正則表達式，本章的內容絕對值得你多花點寶貴的時間！

在字串中找出基本的文字特定模式

本節打算透過 `re` 模組及其重要的 `re.findall()` 函式，好好介紹正則表達式的運用。一開始我會先解釋幾個基本的正則表達式。

基礎

正則表達式（可縮寫為 *regex*）可用來描述所要搜尋的**特定模式**（*pattern*），你可以用它來比對整段的文字。圖 5-1 這個簡單的範例顯示的就是在莎士比亞《羅密歐與朱麗葉》的文字中，搜尋 `Juliet`（朱麗葉）這個特定文字模式的結果。

圖 5-1 顯示的是一個最基本的正則表達式，它是一個很簡單的字串模式。「`Juliet`」這個字串，本身就是一個完全有效的正則表達式。

正則表達式的功能非常強大，比常規的文字搜尋功能強大許多，但只需要運用少量的基本指令就可以構建出來。只要學習這些基本的指令，你就能理解並編寫出複雜的正則表達式。本節打算先重點介紹其中三個最重要的 regex 指令，以擴展我們在給定文字中搜尋出特定模式字串的能力。

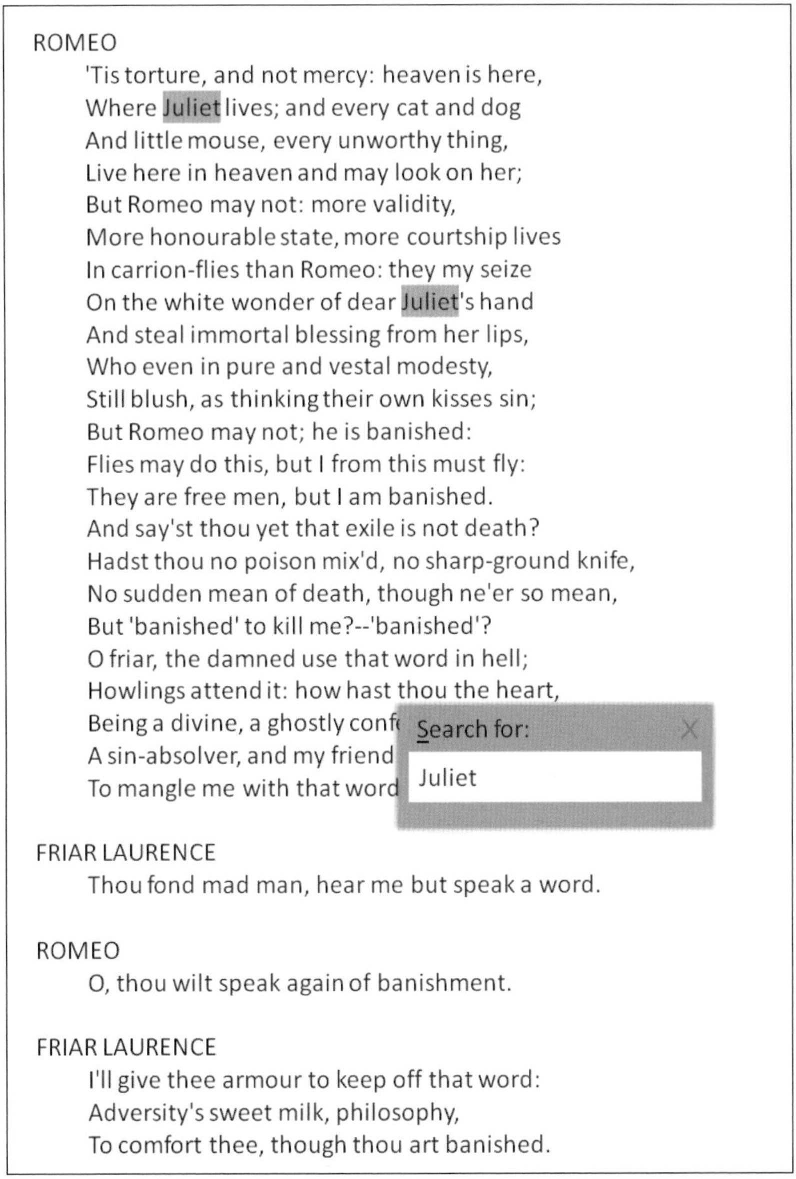

ROMEO
'Tis torture, and not mercy: heaven is here,
Where Juliet lives; and every cat and dog
And little mouse, every unworthy thing,
Live here in heaven and may look on her;
But Romeo may not: more validity,
More honourable state, more courtship lives
In carrion-flies than Romeo: they my seize
On the white wonder of dear Juliet's hand
And steal immortal blessing from her lips,
Who even in pure and vestal modesty,
Still blush, as thinking their own kisses sin;
But Romeo may not; he is banished:
Flies may do this, but I from this must fly:
They are free men, but I am banished.
And say'st thou yet that exile is not death?
Hadst thou no poison mix'd, no sharp-ground knife,
No sudden mean of death, though ne'er so mean,
But 'banished' to kill me?--'banished'?
O friar, the damned use that word in hell;
Howlings attend it: how hast thou the heart,
Being a divine, a ghostly conf
A sin-absolver, and my friend
To mangle me with that word

Search for:
Juliet

FRIAR LAURENCE
Thou fond mad man, hear me but speak a word.

ROMEO
O, thou wilt speak again of banishment.

FRIAR LAURENCE
I'll give thee armour to keep off that word:
Adversity's sweet milk, philosophy,
To comfort thee, though thou art banished.

圖 5-1：在莎士比亞的《羅密歐與朱麗葉》搜尋 `Juliet`（朱麗葉）這個特定的文字模式

正則表達式：點號

第一，你要瞭解如何在正則表達式中運用**點號**（.）來比對出任意字元。在正則表達式中，點號可以用來代表任何字元（包括空白字元）。如果你用了點號，就表示你並不在意它是哪一種字元，只要**正好是一個字元**即可：

```
import re

text = '''A blockchain, originally block chain,
is a growing list of records, called blocks,
which are linked using cryptography.
'''

print(re.findall('b...k', text))
# ['block', 'block', 'block']
```

這個範例運用了 `re` 模組的 `findall()` 方法。第一個參數就是正則表達式本身：你搜尋的是以「`b`」這個字元開頭、然後緊接著三個任意字元（`...`）、然後再接著「`k`」這個字元的任意字串模式。「`block`」這個單字，甚至「`boook`」、「`b erk`」與「`bloek`」這幾個字串，都可以與 `b...k` 這個正則表達式比對相符。`findall()` 的第二個參數 `text` 就是你所要進行搜尋的文字。`text` 這個字串變數裡有三個與模式比對相符的結果，如 `print` 語句的輸出所示。

正則表達式：星號

第二，假設你想要比對一段文字，其開頭與結尾都是字元「`y`」，而且前後之間有**任意數量的字元**。你該如何做到這件事？你可以在正則表達式中使用**星號**（`*`）這個字元來達到此效果。與點號不同的是，星號並不能在正則表達式中獨立存在；它只能改變另一個正則表達式的含義。請考慮以下的範例：

```
print(re.findall('y.*y', text))
# ['yptography']
```

星號會作用於它前面的那個正則表達式。這個範例中的正則表達式，所表達的特定模式是以「y」這個字元為開頭，隨後是任意數量的字元「.*」，再以「y」這個字元做為結尾。如你所見，「cryptography」這個單詞其中就包含此特定模式的一個實例：「yptography」。

你可能想知道為什麼這段程式碼沒有在 'originally' 與 'cryptography' 之間找到一段比對相符的長字串，這段字串應該也可以和 y.*y 這個特定模式比對相符才對。原因很簡單，點號只能代表換行符號以外的任何字元。保存在 text 變數中的字串，是一段具有三行文字的多行字串。你也可以把星號搭配任何其他的正則表達式一起使用。舉例來說，你可以用 abc* 這個正則表達式，比對出 'ab'、'abc'、'abcc' 與 'abcccc' 等等這幾個字串。

正則表達式：問號

第三，你要學會如何運用問號（?），比對出**零或一個以正則表達式表達的字元**。就像星號一樣，問號也會改變另一個正則表達式的作用，如以下範例所示：

```
print(re.findall('blocks?', text))
# ['block', 'block', 'blocks']
```

問號（?）會作用於它前面的正則表達式。在上面的例子中，就是作用於 s 這個字元。問號就表示它前面那個特定模式是可有可無的。

在 Python 的 re 套件中，問號還有另一種用法，不過它與「零或一個」的含義無關：問號可以與星號結合成 *?，讓特定模式可以用一種**非貪婪**（*nongreedy*）的方式進行比對。舉例來說，如果你使用 .*? 這個正則表達式，Python 就會搜尋最少數量的任意字元。相反的，如果你使用不帶問號的星號 *，它就會以**貪婪**的方式比對出盡可能多的字元。

我們就來看一個範例。運用正則表達式 `<.*>` 搜尋 HTML 字串 `'<div>hello world</div>'`，就會比對出整個字串 `'<div>hello world</div>'`，而不是位於前後的兩個標籤字串 `'<div>'` 和 `'</div>'`。如果只需要前後的標籤字串，可以改用非貪婪的正則表達式 `<.*?>`：

```
txt = '<div>hello world</div>'

print(re.findall('<.*>', txt))
# ['<div>hello world</div>']

print(re.findall('<.*?>', txt))
# ['<div>', '</div>']
```

有了這三個工具（點號 `.`、星號 `*` 與問號 `?`）之後，你就可以理解下面的一行程式碼了。

程式碼

我們的輸入是一個字串，而我們的目標則是運用非貪婪的做法，找出所有符合以下特定模式的文字：以「`p`」這個字元為開頭，「`r`」這個字元為結尾，而且中間至少出現一次「`e`」這個字元（以及任意數量的其他字元）！

這類型的文字查詢十分常見，尤其是專注於文字處理、語音辨識或機器翻譯的公司（例如搜尋引擎、社群網路或影片平台）。請看一下列表 5-1。

```
## 依賴的模組套件
import re


## 資料
text = 'peter piper picked a peck of pickled peppers'
```

```
## 一行程式碼
result = re.findall('p.*?e.*?r', text)


## 結果
print(result)
```

列表 5-1：(以非貪婪的方式) 搜尋特定片語的一行程式碼

這段程式碼會列印出一個列表，其中包含 text 這段文字裡所有比對相符的片語。輸出的結果會是什麼呢？

原理說明

這個搜尋所查詢的是 p.*?e.*?r 這樣的一個正則表達式。我們就來分解一下。你在找的是以「p」字元開頭並以「r」字元結尾的一段文字。在這兩個字元之間，你要求「e」這個字元至少要出現一次。除此之外，你可以接受頭尾中間有任意數量的字元(空格也可以)。不過，你以非貪婪的方式使用 .*? 進行比對，這也就表示 Python 將會搜尋出最少數量的任意字元。最後的結果如下：

```
## 結果
print(result)
# ['peter', 'piper', 'picked a peck of pickled pepper']
```

你可以把這個結果，與採用貪婪方式進行比對的 p.*e.*r 所得到的結果進行一番比較：

```
result = re.findall('p.*e.*r', text)
print(result)
# ['peter piper picked a peck of pickled pepper']
```

若採用貪婪的方式進行比對，第一個星號 .* 就會一直比對到幾乎接近整個字串末尾處才會停止。

用正則表達式寫出你的第一個網路爬蟲

上一節你已經學會在字串中找出任意文字模式最有效的方法：正則表達式。本節打算進一步激發你善用正則表達式，並透過一個實際的範例來擴展你這方面的知識。

基礎

假設你是一個軟體開發自由工作者。你的客戶是一家金融科技新創公司，需要隨時關注加密貨幣的最新發展。他們僱用你編寫出一個 Web 網路爬取工具，定期提取出新聞網站的 HTML 原始碼，然後在其中搜尋以 'crypto' 開頭的單詞（例如 'cryptocurrency'、'crypto-bot'、'crypto-crash' 等）。

你的第一次嘗試得出了以下這段程式碼：

```
import urllib.request

search_phrase = 'crypto'

with urllib.request.urlopen('https://www.wired.com/') as response:
   html = response.read().decode("utf8") # 轉換成字串
   first_pos = html.find(search_phrase)
   print(html[first_pos-10:first_pos+10])
```

urlopen() 這個方法（來自 urllib.request 模組）會從指定的網址提取出相應的 HTML 原始碼。由於結果是一個由 byte 位元組所構成的陣列，因此必須先運用 encode() 方法把它轉換為字串。接著我們運用 find() 這個字串方法，取得所搜尋字串第一次出現的位置。再來只要透過切取片段的做法（參見第 2 章），你就可以切取出一段子字串，送回該位置前後的文字。結果就是以下的字串：

```
# ,r=window.crypto||wi
```

嗯哼。看起來不太理想呀。進一步來看的話，這個搜尋片語其實蠻籠統的，大多數包含 'crypto' 的單詞，其實在語義上很多都與 *cryptocurrencies*（加密貨幣）無關。你的網頁爬取工具會給出一些**假陽性**的結果（也就是找到一些你並不打算找出來的字串結果）。這個問題該如何解決呢？

幸運的是，你正好在讀本書，所以答案很明顯：正則表達式！如果想消除假陽性，你的想法就是改搜尋以下的特定模式：開頭是「crypto」這個單詞，後面跟著最多 30 個任意字元，最後再以「coin」這個單詞做為結尾。大體上來說，這裡所要查詢的就是 crypto + < 最多 30 個任意字元 > + coin。請考慮下面的兩個範例：

- 'crypto-bot that is trading Bitcoin'（正在交易比特幣的加密機器人）—— 比對相符
- 'cryptographic encryption methods that can be cracked easily with quantum computers'（量子電腦可輕鬆破解的密碼加密方法）—— 無比對相符

兩個字串之間最多可容許 30 個任意字元，我們該如何滿足這個要求？這已經超出了簡單字串搜尋的能力。你根本無法用枚舉的方式，列出每一組確切的字串模式，因為幾乎有無限多組可以比對相符的字串。舉例來說，我們所要搜尋的特定模式，必須能夠比對出以下的每一組字串：'cryptoxxxcoin'、'crypto coin'、'crypto bitcoin'、'crypto is a currency. Bitcoin'，以及所有其他的字元組合，而前後兩個字串之間，最多可包含 30 個字元。就算只考慮 26 個字母，理論上可以滿足要求的字串數量，還是超過了 26^{30} = 2,813,198,901,284,745,919,258,621,029,615,971,520,741,376。隨後你就會學習到如何利用正則表達式，在整段文字內搜尋出這種具有大量可能性的特定字串模式。

程式碼

我們想針對所給定的字串，找出其中開頭為「`crypto`」、後面跟著最多 30 個任意字元，最後再以「`coin`」做為結尾的子字串。在討論程式碼如何解決此問題之前，我們先來看看列表 5-2。

```
## 依賴的模組套件
import re


## 資料
text_1 = "crypto-bot that is trading Bitcoin and other currencies"
text_2 = "cryptographic encryption methods that can be cracked easily with quantum computers"


## 一行程式碼
pattern = re.compile("crypto(.{1,30})coin")


## 結果
print(pattern.match(text_1))
print(pattern.match(text_2))
```

列表 5-2：這一行程式碼可找出「`crypto+( 某些文字 )+coin`」這種形式的文字片段

這段程式碼會針對 `text_1` 與 `text_2` 這兩個字串變數進行搜尋。我們所要查詢的特定模式，在這兩個字串中能否找到比對相符的結果呢？

原理說明

首先，我們必須在 Python 匯入正則表達式的標準模組，也就是所謂的 `re` 套件。最重要的部分全都發生在一行程式碼之中，我們在其中編譯（compile）了一組特定模式 `crypto(.{1,30})coin`。這就是可用來搜尋各種字串的查詢模式。我們在其中用到了以下幾種特殊的正則表達式。請從上往下閱讀，這樣你才能瞭解列表 5-2 其中那個特定模式的含義：

- ( ) 括號內的正則表達式必須比對相符。
- . 可用來比對任意字元。
- {1,30} 表示前面的正則表達式至少要出現 1 到 30 次。
- (.{1,30}) 代表會有 1 到 30 個任意字元。
- crypto(.{1,30})coin 這個正則表達式是由三個部分所組成：開頭是 'crypto' 這個單詞，然後是具有 1 至 30 個字元的任意序列，後面再跟著 'coin' 這個單詞。

我們之所以說特定模式需要進行**編譯**（*compile*），是因為 Python 會建立一個可以在很多地方重複使用的模式物件，就像一個已編譯的程式可以在很多地方重複執行一樣。接著我們就可以調用 match() 函式，其中的參數包含我們之前編譯過的模式，以及我們打算對它進行搜尋的文字。這樣一來就會得到以下的結果：

```
## 結果
print(pattern.match(text_1))
# <re.Match object; span=(0, 34), match='crypto-bot that is trading
Bitcoin'>

print(pattern.match(text_2))
# None
```

text_1 這個字串變數可比對出相符的模式（可以看到有比對相符的物件），但 text_2 則沒有比對相符的結果（結果為 None）。雖然第一個比對相符的物件相應的文字表達方式看起來並不是很漂亮，但它清楚表明了所取出的字串「crypto-bot that is trading Bitcoin」（正在交易比特幣的加密機器人）確實與正則表達式比對相符。

分析 HTML 文件裡的超鏈結

我們在上一節學會如何運用 `.{x, y}` 這個正則表達式，在字串中搜尋出大量的特定模式。本節將進一步介紹更多的正則表達式。

基礎

只要瞭解更多的正則表達式，就可以協助你快速簡潔地解決實際問題。那麼，究竟有哪些正則表達式是特別重要的呢？請仔細研究以下列表，因為這些在本章全都會用到。其中有一些你已經看過了，就當做小小的複習好了。

- 點號（`.`）可用來比對任意字元。
- 星號（*<pattern>**）可用來比對任意數量的 *<pattern>*。請注意，所謂的任意數量也包括零個。
- 加號（*<pattern>+*）可用來比對任意數量的 *<pattern>*，其中 <pattern> 至少必須出現一次。
- 問號（*<pattern>?*）可用來比對零個或一個 *<pattern>*。
- 非貪婪星號（`*?`）可用來比對盡可能少的任意字元。
- *<pattern>*`{m}` 可用來比對 *<pattern>* 正好出現 `m` 次的情況。
- *<pattern>*`{m, n}` 可用來比對 *<pattern>* 出現 `m` 到 `n` 次的情況。
- *<pattern_1>*`|`*<pattern_2>* 可用來比對出現 *<pattern_1>* 或 *<pattern_2>* 的情況。
- *<pattern_1><pattern_2>* 可用來比對 *<pattern_1>* 後面緊接著出現 *<pattern_2>* 的情況。
- `(`*<pattern>*`)` 可用來比對出 *<pattern>* 這個特定模式。括號可以把正則表達式合成一個群組，好讓你可以控制執行的優先順

序（例如 (*<pattern_1><pattern_2>*)|*<pattern_3>* 與 *<pattern_1>*(*<pattern_2>*|*<pattern_3>*) 就會得到不同的結果。帶有括號的正則表達式會形成一個比對群組（group），隨後你在本節就會看到。

我們就來考慮一個簡短的範例。假設你建立了一個正則表達式 `b?(.a)*`。這個正則表達式可比對出哪些特定模式？這個正則表達式所比對出的特定模式，其開頭會有零或一個 `b`，緊接著後面會有任意數量的雙字元，其中雙字元後面那個字元為 `'a'`。因此，「`bcacaca`」、「`cadaea`」、`''`（空字串）、「`aaaaaa`」這幾個字串全都會與這個正則表達式比對相符。

在深入探討接下來的一行程式碼之前，我們先快速討論一下何時該運用哪一種 *regex* 函式。其中最重要的三個 regex 函式就是 `re.match()`、`re.search()` 與 `re.findall()`。你已經看過其中兩個，但我們會在這裡的範例中進行更深入的研究：

```
import re

text = '''
"One can never have enough socks", said Dumbledore.
"Another Christmas has come and gone and I didn't
get a single pair. People will insist on giving me books."
Christmas Quote
'''

regex = 'Christ.*'

print(re.match(regex, text))
# None

print(re.search(regex, text))
# <re.Match object; span=(62, 102), match="Christmas has come and gone and I didn't">

print(re.findall(regex, text))
# ["Christmas has come and gone and I didn't", 'Christmas Quote']
```

這三個函式都是以正則表達式（regex）和所要進行搜尋的字串（text）做為其輸入。`match()` 與 `search()` 這兩個函式都會送回一個比對相符的 match 物件（如果沒有比對相符的結果，就會送回 `None`）。match 物件其中保存著比對相符的位置，以及更進階的一些詮釋資訊（meta-information）。第一個 `match()` 函式在字串中並沒有找到比對相符的結果（送回 `None`）。為什麼呢？因為這個函式只會在字串「**開頭處**」尋找比對相符的結果。`search()` 函式則可以在字串的「**任何位置**」找出比對相符的第一個匹配項。因此，它找到了比對相符的結果「`Christmas has come and gone and I didn't`」。

`findall()` 函式的輸出最直觀了，不過它也是在進一步處理時最少用到的函式。`findall()` 的結果是一堆的字串，而不是一個 match 物件，因此它並沒有提供比對相符精確位置這方面的資訊。也就是說，`findall()` 有其用途：相較於 `match()` 與 `search()` 方法，`findall()` 函式可檢索出**所有**比對相符的結果，如果你需要針對單詞在文字中出現的頻率進行量化（例如「`Juliet`」（朱麗葉）在《羅密歐與朱麗葉》文中出現的次數，或是「`crypto`」在加密貨幣相關文章中出現的頻率），它就是一個非常好用的函式。

程式碼

假設你的公司要求你建立一個小型網路機器人，可對網頁進行爬網並檢查其中是否包含指向 *finxter.com* 這個網域的**鏈結**。他們還要求你在超鏈結的文字內必須包含 `'test'` 或 `'puzzle'` 這兩個字串。在 HTML 中，超鏈結都是放在 `<a>` 和 `</a>` 這樣的標籤中。超鏈結本身會被定義為 `href` 這個屬性的值。因此，更準確地說，我們的目標就是解決以下的問題（如列表 5-3 所示）：針對給定的字串，找出其中指向 *finxter.com* 這個網域的所有超鏈結，而且在鏈結的文字內必須包含「`test`」或「`puzzle`」這些字串。

```
## 依賴的模組套件
import re


## 資料
page = '''
<!DOCTYPE html>
<html>
<body>

<h1>My Programming Links</h1>
<a href="https://app.finxter.com/">test your Python skills</a>
<a href="https://blog.finxter.com/recursion/">Learn recursion</a>
<a href="https://nostarch.com/">Great books from NoStarchPress</a>
<a href="http://finxter.com/">Solve more Python puzzles</a>

</body>
</html>
'''

## 一行程式碼
practice_tests = re.findall("(<a.*?finxter.*?(test|puzzle).*?>)", page)


## 結果
print(practice_tests)
```

列表 5-3：這一行程式碼可用來分析網頁的鏈結

這段程式碼用正則表達式找到了兩個相符的結果。你找得到嗎？

原理說明

這裡的資料是由一個簡單的 HTML 網頁所組成（以多行字串表示），其中包含許多個超鏈結（全都放在 `<a href="">` 鏈結文字 `</a>` 這樣的標籤之中）。這裡的一行程式碼運用 `re.findall()` 函式，來檢查 `(<a.*?finxter.*?(test|puzzle).*?>)` 這個正則表達式。如此一來，這個正則表達式就會把 `<a ...>` 這個標籤中所有比對相符的結果全部送回來。

在 a 這個標籤的後面，你首先針對任意數量的字元進行比對（採用非貪婪的方式，以避免「佔用掉」過多 HTML 標籤內容），後面再跟著 'finxter' 這個字串。接著再次（以非貪婪的方式）針對任意數量的字元進行比對，後面緊接著比對 'test' 或 'puzzle' 出現一次的情況。最後你再次（以非貪婪的方式）比對任意數量的字元，然後就是標籤的結尾。如此一來，你就可以找出包含相應字串的所有超鏈結標籤。請注意，這個正則表達式要求鏈結本身必須出現「test」或「puzzle」這些字串。另外要注意的是，你採用非貪婪星號「.*?」來確保搜尋到的是最短的比對相符結果，而不是橫跨多個巢狀標籤的一段很長的字串。

一行程式碼的結果如下：

```
## 結果
print(practice_tests)
# [('<a href="https://app.finxter.com/">test your Python skills</a>', 'test'),
#  ('<a href="http://finxter.com/">Solve more Python puzzles</a>', 'puzzle')]
```

有兩個超鏈結與我們的正則表達式比對相符：這一行程式碼的結果，是由兩個元素所組成的一個列表。不過，每個元素都是由好幾個字串所組成的 tuple 元組，而不只是簡單的字串。這與我們在之前的程式碼中討論過的 findall() 結果不大相同。為什麼會有這樣的行為呢？送回來的資料，是一個 tuple 元組列表，正則表達式裡每一個用 ( ) 包起來的「比對群組」（*matching group*），在元組內都會有一個對應的值。舉例來說，正則表達式裡的 (test|puzzle) 用括號建立了一個比對群組。你只要在正則表達式中建立比對群組，re.findall() 函式就會針對每一個比對群組，添加一個相應的元組值。這個元組的值，就是與相應群組比對相符的子字串。舉例來說，在我們的範例中，'puzzle' 這個子字串就是與 (test|puzzle) 這個群組比對相符的結果。我們可以繼續再深入探討比對群組的主題，進一步釐清這個概念。

從字串中提取出金額數字

這裡的一行程式碼可向你展示正則表達式的另一種實際應用。假設你的工作是擔任一位金融分析師。你的公司考慮收購另一家公司，因此你被指派閱讀該公司的財務報告。你對其中所有的金額數字特別感興趣。雖然你可以用人工方式掃視整份文件，但這個工作很繁瑣，而你並不想花費寶貴的時間進行這種繁瑣的工作。因此，你決定編寫出一個小小的 Python 腳本。最好的做法是什麼呢？

基礎

幸好你剛讀過這裡的正則表達式教程，你知道與其浪費大量時間編寫出冗長且容易出錯的 Python 解析器，不如選擇正則表達式的簡潔做法，這肯定是一個明智的選擇。但在深入探討這個問題之前，我們先來討論另外三個正則表達式的概念。

第一，你遲早需要針對正則表達式語言裡用到的一些特殊字元，進行同樣的比對工作。在這樣的情況下，你可以使用 `\` 這樣的前綴字元，針對特殊字元的含義進行「**轉義**」(escape the meaning)。舉例來說，如果想比對括號字元「`(`」(通常被用來定義正則表達式中的群組)，就要改用「`\(`」來對它進行轉義。如此一來，「`(`」這個字元就會失去它在正則表達式中原本的特殊含義。

第二，方括號 `[]` 可以讓你定義一大堆所要比對的特定字元。舉例來說，`[0-9]` 這個正則表達式可以用來比對「`0`」、「`1`」、「`2`」、……、「`9`」這些數字其中的一個字元。另一個範例是 `[a-e]`，這個正則表達式可用來比對以下其中一個字元：`'a'`、`'b'`、`'c'`、`'d'`、`'e'`。

第三，正如我們在前一節所討論的，小括號 `(<pattern>)` 可用來定義一個群組(*group*)。在每一個正則表達式中，都可以包含一個或多個群組。在運用 `re.findall()` 函式時，如果正則表達式裡頭有群組，送回來的就只會有比對相符的群組比對結果(由字串所構成的元組，其中每個群組各對應一個元組值），而不是比對相符的整個字串。舉例來說，如果針對 'helloworld' 這個字串調用 hello(world) 這個正則表達式，雖然整個字串全都比對相符，但只有群組比對相符的結果 world 會被送回來。另一種做法是在正則表達式中使用兩個巢狀的群組 (hello(world))，這樣一來，re.findall() 函式就會把所有群組比對相符的字串，用一個元組 ('helloworld', 'world') 送回比對結果。請好好研究以下的程式碼，以便完全瞭解巢狀群組的效果：

```
string = 'helloworld'

regex_1 = 'hello(world)'
regex_2 = '(hello(world))'

res_1 = re.findall(regex_1, string)
res_2 = re.findall(regex_2, string)

print(res_1)
# ['world']
print(res_2)
# [('helloworld', 'world')]
```

現在你已瞭解以下程式碼所需理解的所有概念了。

程式碼

還記得嗎，你想做的是從公司報告中取出所有的金額數字。具體來說，你的目標是解決以下的問題：針對給定的字串，找出其中所有出現的金額數字（可能有、也可能沒有小數部分）。10、10. 或 $10.00021 這幾個範例字串，全都是符合比對條件的金額數字。在一行程式碼中，如何有效實現此一目標？請看一下列表 5-4。

```
## 依賴的模組套件
import re


## 資料
```

```
report = '''
If you invested $1 in the year 1801, you would have $18087791.41 today.
This is a 7.967% return on investment.
But if you invested only $0.25 in 1801, you would end up with $4521947.8525.
'''


## 一行程式碼
dollars = [x[0] for x in re.findall('(\$[0-9]+(\.[0-9]*)?)', report)]


## 結果
print(dollars)
```

列表 5-4：這一行程式碼可以找出一段文字內所有的金額數字

你不妨猜一猜：這段程式碼會有什麼樣的輸出？

原理說明

這份報告裡頭包含四個具有不同格式的金額數字。我們的目標就是開發出一個能比對出所有金額數字的正則表達式。這裡所設計的正則表達式 `(\$[0-9]+(\.[0-9]*)?)`，其中的模式說明如下。首先，要比對出 `$` 這個代表美元的符號（這裡要進行轉義，因為它也是正則表達式其中一個特殊字元）。其次，要比對出一個數字，這個數字是由任意數量（但至少有一個）介於 0 到 9 之間的數字所組成。第三，最後面可能接著一個（轉義過的）小數點「`.`」及任意數量的數字（最後這個比對項是可有可無的，所以這裡用了一個「`?`」，代表這個部分可能只有一個或零個）。

最重要的是，你可以運用解析式列表，從全部四個比對相符的結果中，各自提取出相應的第一個元組值。再提醒一次，`re.findall()` 函式的預設結果是一個元組列表，每一個成功比對的結果都會對應到一個元組，而比對結果中的每個群組則會對應到元組其中的一個值：

```
[('$1', ''), ('$18087791.41', '.41'), ('$0.25', '.25'), ('$4521947.8525', '.8525')]
```

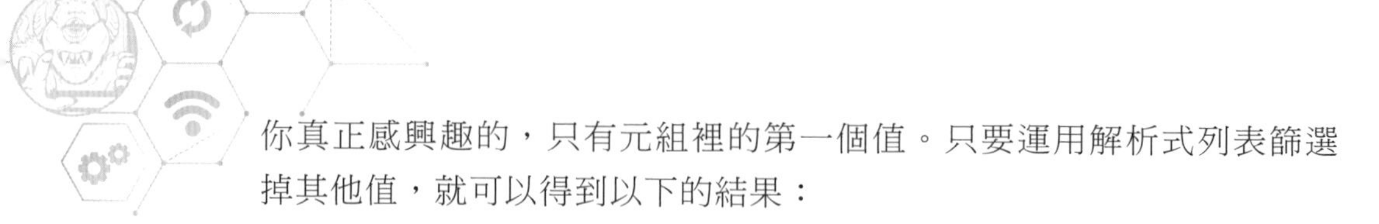

你真正感興趣的，只有元組裡的第一個值。只要運用解析式列表篩選掉其他值，就可以得到以下的結果：

```
## 結果
print(dollars)
# ['$1 ', '$18087791.41', '$0.25', '$4521947.8525']
```

再次提醒，如果沒有正則表達式強大的功能，就算只是實作很簡單的解析器，也會是既困難又容易出錯的工作！

找出不安全的 HTTP 網址

這裡的一行程式碼打算向你展示如何解決 Web 開發者經常遇到的其中一個相當耗時的小問題。假設你擁有一個程式設計部落格，而你剛把網站從比較不安全的 `http` 協定轉移到（比較）安全的 `https` 協定。不過，你的舊文章還是指向舊的 URL 網址。你該如何找出所有的舊 URL 網址呢？

基礎

我們在上一節學習過如何運用方括號指定某個範圍的字元。舉例來說，`[0-9]` 這個正則表達式可用來比對 0 到 9 之間的一個數字。不過，方括號其實還有更強大的功用。你可以在方括號內使用任意的字元組合，更精確指定哪些字元屬於、哪些字元不屬於比對相符的字元。舉例來說，`[0-3a-c]+` 這個正則表達式就可以用來比對出 `'01110'` 與 `'01c22a'` 這兩個字串，但無法比對出 `'443'` 與 `'00cd'` 這兩個字串。你也可以用 `^` 這個符號來指定一組「不」屬於比對相符的字元：比如 `[^0-3a-c]+` 這個正則表達式可以比對出 `'4444d'` 與 `'Python'` 這兩個字串，但不會比對出 `'001'` 與 `'01c22a'` 這兩個字串。

程式碼

我們這裡的輸入是一個（多行）字串，而我們的目標則是找出所有以「*http://*」這段前綴文字為開頭的有效網址。不過，不用考慮沒有頂級網域名稱的無效網址（在我們所找到的網址中，至少就有一個這樣的網址）。請看一下列表 5-5。

```
## 依賴的模組套件
import re


## 資料
article = '''
The algorithm has important practical applications
http://blog.finxter.com/applications/
in many basic data structures such as sets, trees,
dictionaries, bags, bag trees, bag dictionaries,
hash sets, https://blog.finxter.com/sets-in-python/
hash tables, maps, and arrays. http://blog.finxter.com/
http://not-a-valid-url
http:/bla.ba.com
http://bo.bo.bo.bo.bo.bo/
http://bo.bo.bo.bo.bo.bo/333483--33343-/
'''


## 一行程式碼
stale_links = re.findall('http://[a-z0-9_\-\.]+\.[a-z0-9_\-/]+', article)


## 結果
print(stale_links)
```

列表 5-5：這一行程式碼可找出有效的 http:// 網址

同樣的，在查看隨後的正確輸出結果之前，各位不妨先嘗試看看，能否自行推斷出程式碼所生成的輸出。

原理說明

我們在這裡用正則表達式來分析所給定的多行字串（有可能是一篇舊的部落格文章），以找出所有以 `http://` 這段前綴文字為開頭的網址。這裡的正則表達式（`[a-z0-9_\-\.]+`）預期會有一定數量的（小寫）字母、數字、底線、連字符號或點號。請注意，連字符號需要進行轉義（`\-`），因為它在方括號內通常被用來表示範圍。同樣的，點號也需要進行轉義（`\.`），因為你想要比對的確實是點號而不是任意字元。輸出結果如下：

```
## 結果
print(stale_links)
# ['http://blog.finxter.com/applications/',
#  'http://blog.finxter.com/',
#  'http://bo.bo.bo.bo.bo.bo/',
#  'http://bo.bo.bo.bo.bo.bo/333483--33343-/']
```

這四個有效網址可能需要轉換成比較安全的 HTTPS 協定。

至此，你已經掌握了正則表達式最重要的一些功能。但很多事唯有累積大量的實務經驗與範例研究，才能達到一定程度的深刻理解，正則表達式也不例外。接著，我們開始研究一些更實際的範例，看看正則表達式怎麼讓你的生活變得更輕鬆。

驗證使用者所輸入的時間格式（第一種做法）

我們就來學習如何檢查使用者輸入格式的正確性。假設你編寫了一個網路應用程式，可根據使用者的睡眠時間，計算出一些健康統計數字。你的使用者會輸入他們上床睡覺的時間與醒來的時間。正確的時間格式範例為 `12:45`，但由於某些網路機器人會利用使用者輸入欄位發送一些垃圾資料，因此會有大量的「髒」資料，導致伺服器產生非必要的額外處理負擔。

為了解決此問題，你編寫了一個時間格式檢查器，用來判斷輸入是否正確，以便送入你的後端應用程式進行進一步的處理。只要使用正則表達式，幾分鐘內就能編寫出所需的程式碼。

基礎

你在前幾節已經學過 `re.search()`、`re.match()` 與 `re.findall()` 這幾個函式。實際上，正則表達式並不只有這些函式可供運用。我們在本節還會運用到 `re.fullmatch(`*`regex, string`*`)` 這個函式，它會檢查 `regex` 能否與整個 `string` 完全比對相符（如其名所述）。

此外，我們會運用 `<pattern>{`*`m, n`*`}` 這樣的正則表達式語法，限制 `<pattern>` 所定義的特定模式只能出現 m 到 n 次，不多也不少。請注意，它會在容許範圍內盡可能比對出 `<pattern>` 出現最多次的相應結果。以下就是一些範例：

```
import re

print(re.findall('x{3,5}y', 'xy'))
# []
print(re.findall('x{3,5}y', 'xxxy'))
# ['xxxy']
print(re.findall('x{3,5}y', 'xxxxxy'))
# ['xxxxxy']
print(re.findall('x{3,5}y', 'xxxxxxy'))
# ['xxxxxy']
```

程式碼中運用了大括號，限定「x」字元出現三次以上才能比對相符；如果出現五次以上，也只會比對出其中五個「x」。

程式碼

我們的目標就是編寫出一個 `input_ok` 函式，它可接受一個字串參數，然後檢查此字串是否具有 XX:XX 這樣的（時間）格式，其中的 X 是 0 到 9 的數字（參見列表 5-6）。請注意，目前你還無法排除語義錯誤的時間格式（例如 12:86），不過到了下一節我們就會解決這個更進階的問題。

```
## 依賴的模組套件
import re


## 資料
inputs = ['18:29', '23:55', '123', 'ab:de', '18:299', '99:99']


## 一行程式碼
input_ok = lambda x: re.fullmatch('[0-9]{2}:[0-9]{2}', x) != None


## 結果
for x in inputs:
    print(input_ok(x))
```

列表 5-6：這一行程式碼可檢查使用者的輸入能否符合一般的時間格式 XX:XX

在繼續往下閱讀之前，請先嘗試判斷這段程式碼進行六次函式調用相應的結果。

原理說明

這裡的資料是由網路應用程式前端所接收到的六組輸入字串所組成。這些輸入的格式正確嗎？為了進行檢查，我們用一個 lambda 表達式（一個輸入參數 `x` 和一個布林輸出）來建立 `input_ok` 函式。我們用到了 `fullmatch(`*`regex, x`*`)` 函式，並嘗試運用我們的時間格式正則表達式，來比對輸入參數 `x` 能否符合時間格式。如果無法比對相符，結果就是 `None`，而布林輸出就是 `False`。否則的話，布林輸出就是 `True`。

這個正則表達式很簡單：`[0-9]{2}:[0-9]{2}`。這個特定模式比對的是兩個 0 到 9 的前導數字，後面跟著一個冒號 `:`，然後再尾隨兩個 0 到 9 的數字。因此，列表 5-6 的結果如下：

```
## 結果
for x in inputs:
    print(input_ok(x))

'''
True
True
False
False
False
True
'''
```

input_ok 這個函式可正確標識出輸入是否為正確的時間格式。在這一行程式碼中，你已學會如何使用正確的工具，在幾秒內成功完成高度實用的任務（如果不使用正則表達式，這樣的任務很可能需要用到很多行程式碼，而且還要花費更多的功夫）。

驗證使用者所輸入的時間格式（第二種做法）

我們在本節打算更深入驗證使用者所輸入的時間格式，以解決上一節的問題：無效的時間輸入（例如 99:99）不應被視為有效的比對結果。

基礎

解決此問題其中一種有效的策略，就是分層次解決問題。首先，我們可以剝開問題的核心，先解決比較簡單的情況。然後再改進你的解決方式，以符合特定（比較複雜）的問題。本節會採用一種重要的做法，改進之前的解決方案：不接受無效的時間輸入（例如 99:99 或 28:66）。這個問題更具有特定性（也更複雜），不過之前舊的解決方案其中某些部分還是可以重複使用。

程式碼

我們的目標是編寫出一個 input_ok 函式，它可接受一個字串參數，然後檢查字串能否符合 XX:XX 這樣的（時間）格式，其中 X 是 0 到 9 的數字（參見列表 5-7）。此外，所給定的時間必須是 24 小時制的有效時間格式，範圍為 00:00 到 23:59。

```
## 依賴的模組套件
import re


## 資料
inputs = ['18:29', '23:55', '123', 'ab:de', '18:299', '99:99']


## 一行程式碼
input_ok = lambda x: re.fullmatch('([01][0-9]|2[0-3]):[0-5][0-9]', x) != None

## 結果
for x in inputs:
    print(input_ok(x))
```

列表 5-7：這一行程式碼可用來檢查使用者輸入是否符合一般的時間格式 XX:XX，而且確實是 24 小時制的正確時間

這個程式碼會列印出六行輸出結果。輸出的結果會是什麼呢？

原理說明

如本節一開始所述，你可以重複使用之前的一行程式碼解決方案，輕鬆解決此問題。程式碼保持不變，你只需修改其中的正則表達式 ([01][0-9]|2[0-3]):[0-5][0-9]。第一部分 ([01][0-9]|2[0-3]) 這個群組代表的是一天之內所有可能的小時數。這裡運用了一個「或」運算符號「|」，其中一邊代表 00 到 19 小時，另一邊則代表 20 到 23 小時。第二部分 [0-5][0-9] 比對的則是 00 到 59 分鐘。因此，所得出的結果如下：

```
## 結果
for x in inputs:
    print(input_ok(x))

'''
True
True
False
False
False
False
'''
```

請注意，輸出的第六行為 False，表示 `99:99` 這個時間已不再被視為有效的輸入。這一行程式碼顯示的就是如何運用正則表達式，檢查使用者輸入是否符合應用程式的語義要求。

偵測出字串中的重複部分

這裡的一行程式碼打算介紹一種令人興奮的正則表達式功能：在同一個正則表達式中，重複使用之前已比對相符的部分。這個功能強大的擴展方式，可以讓你解決一系列的新問題，例如偵測出具有重複字元的字串。

基礎

這次，你化身為一個電腦語言學研究人員，正在分析特定單詞使用方式隨時間的變化。你運用已出版的書籍，對單詞的使用方式進行分類與追蹤。你的教授要求你分析一下是否存在一種趨勢，那就是在同一個單詞內，採用重複字元的情況是否變得越來越頻繁。舉例來說，「`hello`」這個單詞就包含了重複字元「`l`」，而「`spoon`」這個單詞也包含了重複字元「`o`」。不過，像 `'mama'` 這樣的單詞，並不會被當成帶有重複的字元「`a`」。

這個問題其中一種簡單的解決方案，就是枚舉所有可能的重複字元 'aa'、'bb'、'cc'、'dd'、……、'zz' 並用「或」的邏輯方式把它們組合在一個正則表達式之中。這種解決方式感覺很土，而且不容易通用化。如果你的教授突然改變主意，要求你檢查兩個重複字元之間最多還可以包含一個字元（如此一來「mama」這個字串就變成了一個比對相符的結果），該怎麼辦？

沒問題：如果你知道「具名群組」（named group）這個正則表達式的功能，就可以做出一個簡單、乾淨且有效的解決方式。之前你已經知道群組是用小括號 (...) 包起來的。顧名思義，**具名群組**其實就只是一個具有名稱的群組。舉例來說，你可以用 (?P<name>...) 這樣的語法，在 ... 這個模式周圍用 name 這個名稱定義一個具名群組。定義了具名群組之後，你就可以在正則表達式的任何位置，用 (?P=name) 這樣的語法加以運用。請考慮以下的範例：

```
import re

pattern = '(?P<quote>[\'"]).*(?P=quote)'
text = 'She said "hi"'
print(re.search(pattern, text))
# <re.Match object; span=(9, 13), match='"hi"'>
```

在這段程式碼中，你想要搜尋的是用單引號或雙引號包起來的子字串。為了達到此目的，我們首先要用 [\'"] 這個正則表達式比對出開頭的引號（單引號要進行轉義 \'，以避免 Python 把單引號誤認為字串的結尾）。然後，再用同一個群組來比對出具有相同字元（單引號或雙引號）的結尾引號。

在深入研究程式碼之前請注意，我們可以用 \s 來比對任何空白的符號。另外，我們可以運用 [^Y] 這樣的語法，來比對出「**不在**」Y 這組集合內的字元。這些就是在解決你的問題之前，必須先知道的所有東西。

程式碼

請考慮一下列表 5-8 所示的問題：從給定的文字中，找出所有包含重複字元的單詞。在這個例子中所謂的「單詞」(*word*)，其定義就是被任意數量的空白字元所隔開的一連串非空白字元。

```
## 依賴的模組套件
import re


## 資料
text = '''
It was a bright cold day in April, and the clocks were
striking thirteen. Winston Smith, his chin nuzzled into
his breast in an effort to escape the vile wind, slipped
quickly through the glass doors of Victory Mansions,
though not quickly enough to prevent a swirl of gritty
dust from entering along with him.
-- George Orwell, 1984
'''


## 一行程式碼
duplicates = re.findall('([^\s]*(?P<x>[^\s])(?P=x)[^\s]*)', text)


## 結果
print(duplicates)
```

列表 5-8：這一行程式碼可用來找出所有具有重複字元的單詞

在這段程式碼中，可以找出那些具有重複字元的單詞？

原理說明

`(?P<x>[^\s])` 這個正則表達式定義了一個名為 `x` 的新群組。這個群組只包含單一個非空白的任意字元。`(?P=x)` 這個正則表達式緊跟在具名群組 `x` 的後面。它的作用就只是用來比對出與 `x` 群組相同的字元。這

樣就可以找出重複的字元了！不過，我們的目標並不是找出重複的字元，而是找出具有重複字元的單詞。因此，你可以在重複的字元前後比對任意數量的非空白字元 [^\s]*。

列表 5-8 的輸出如下：

```
## 結果
print(duplicates)
'''
[('thirteen.', 'e'), ('nuzzled', 'z'), ('effort', 'f'),
('slipped', 'p'), ('glass', 's'), ('doors', 'o'),
('gritty', 't'), ('--', '-'), ('Orwell,', 'l')]
'''
```

這個正則表達式可找出一段文字內具有重複字元的所有單詞。請注意，列表 5-8 的正則表達式中有兩個群組，因此 re.findall() 函式送回來的每個元素，全都是由比對相符的群組所構成的元組。我們在前一節就已經探討過這樣的行為了。

本節運用了一個強大的工具（具名群組），增強了正則表達式的功能。另外我們還搭配使用了正則表達式的兩個小功能，用 \s 比對出任意空白字元，並用 [^...] 定義出一組不進行比對的字元，如此一來你在 Python 正則表達式的熟練度方面，可說是獲得了重大的進展。

偵測出單詞重複出現的情況

我們在前一節已學會如何使用具名群組。本節的目的就是向你展示更多善用此強大功能的進階方法。

基礎

過去幾年我身為研究人員，大部分時間都在撰寫、閱讀與編輯研究論文。在編輯我的研究論文時，有一位同事曾經向我抱怨，說我經常重複使用相同的單詞（而且在文中出現的位置太過於靠近）。如果可以用程式碼檢查自己所寫的文字，這樣的工具應該有點用處吧。

程式碼

首先給定一段只包含小寫字母、並以空格隔開的單詞所組成的字串，其中沒有任何特殊字元。我們想從中找出符合以下條件的子字串，其中第一個單詞與最後一個單詞是相同的（重複），而且介於中間的單詞最多只有 10 個。請參見列表 5-9。

```
## 依賴的模組套件
import re


## 資料
text = 'if you use words too often words become used'


## 一行程式碼
style_problems = re.search('\s(?P<x>[a-z]+)\s+([a-z]+\s+){0,10}(?P=x)\s', ' ' + text + ' ')


## 結果
print(style_problems)
```

列表 5-9：這一行程式碼可找出重複出現的單詞

這段程式碼能找出重複的單詞嗎？

原理說明

假設所給定的 `text` 全都是由空白隔開的小寫單詞所組成。現在我們打算用正則表達式對 `text` 進行搜尋。乍看之下好像很複雜，但我們就來拆解一下吧：

```
'❶\s(?P<x>[a-z]+)\s+❷([a-z]+\s+){0,10}❸(?P=x)\s'
```

我們先從單一空白字元開始。為了確保你是以完整單詞（而非單詞的後綴文字）做為開頭，這個做法非常重要。然後，你比對出一個具名群組 x，這個群組是由一堆 'a' 到 'z' 的小寫字元所組成，後面跟著一個以上的空白❶。

再來是 0 到 10 個單詞，其中每個單詞都是由好幾個 'a' 到 'z' 的小寫字元所組成，後面同樣是一個以上的空白❷。

最後是以具名群組 x 做為結尾，後面同樣跟著一個空白字元，以確保最後一個比對相符的項目確實是完整的單詞（而非單詞的前綴文字）❸。

下面就是這段程式碼的輸出結果：

```
## 結果
print(style_problems)
# <re.Match object; span=(12, 35), match=' words too often words '>
```

你找到了一個比對相符的子字串，這個子字串或許會（也或許不會）被認為是一種不良的寫作風格。

在這一行程式碼中，你剝開了「找出重複單詞」這個問題的核心，並順利解決了比較簡單的這個簡化版問題。請注意，實際上你還應該考慮更複雜的情況，比如含有特殊字元、大小寫字元混用、數字等等的情況。另一種可替代的做法是，你可以先進行一些預處理，讓文字全都變成小寫的形式，而且全都是用空白隔開的單詞形式，而沒有用到特殊字元。

練習 5-1

編寫出一個 Python 腳本，允許使用更多特殊字元，例如一些構成句子的字元（句點、冒號、逗號等等）。

修改多行字串中符合特定模式的文字

最後一個與正則表達式相關的一行程式碼，我們打算學習如何修改文字，而不只是比對出相符的文字。

基礎

如果想把所給定文字 `text` 其中所有符合特定模式 `regex` 的文字，全部替換成新的字串 `replacement`，這個任務可以用正則表達式的 `re.sub(regex, replacement, text)` 函式來達成。這樣一來，你就可以快速編輯大型文字庫，而無需進行大量的人工操作。

在前幾節中，你已學會如何比對出一大段文字裡的特定模式。但如果比對出特定模式的同時，也出現了另一種特定模式，我們就不打算接受該比對結果，這樣的需求該怎麼滿足呢？所謂的 *negative lookahead*（後面非）正則表達式 `A(?!X)`，這種特定模式唯有在 `A` 的後面不是 `X` 的情況下，我們才會接受 `A` 這個模式比對相符的結果。[譯註 1] 舉例來說，`not (?!good)` 這個正則表達式在 `'this is not great'` 這個字串中可以找到比對相符的結果，但在 `'this is not good'` 這個字串中就找不到比對相符的結果了。

程式碼

我們的資料是一個很長的字串，而我們的任務則是把所有的 `Alice Wonderland` 替換成 `Alice Doe`，但如果前後有單引號（'Alice Wonderland'）則不進行替換。請參見列表 **5-10**。

譯註 1　另外還有其他類似的模式，例如 positive lookahead「後面是」、negative lookbehind「前面非」、positive lookbehind「前面是」等等。

```
## 依賴的模組套件
import re


## 資料
text = '''
Alice Wonderland married John Doe.
The new name of former 'Alice Wonderland' is Alice Doe.
Alice Wonderland replaces her old name 'Wonderland' with her new name 'Doe'.
Alice's sister Jane Wonderland still keeps her old name.
'''


## 一行程式碼
updated_text = re.sub("Alice Wonderland(?!')", 'Alice Doe', text)


## 結果
print(updated_text)
```

列表 5-10：這一行程式碼會替換掉 text 文字中的一些特定模式

程式碼會把修改過的文字列印出來。最後會輸出什麼樣的結果呢？

原理說明

你可以用 `Alice Doe` 替換掉所有的 `Alice Wonderland`，但以單引號「'」結尾的除外。只要運用 negative lookahead（後面非）的做法，就可以實現這樣的效果。請注意，其實你只需要檢查是否存在結尾的單引號即可。舉例來說，如果符合條件的字串只有開頭的引號、但*沒有*結尾的引號，這樣還是可以符合比對的條件，你可以放心進行替換。這或許並不是完美無缺的通用做法，但針對我們的範例字串而言，這種做法確實達到了我們想要的效果：

```
## 結果
print(updated_text)
'''
Alice Doe married John Doe.
The new name of former 'Alice Wonderland' is Alice Doe.
Alice Doe replaces her old name 'Wonderland' with her new name 'Doe'.
Alice's sister Jane Wonderland still keeps her old name.
'''
```

你可以看到 `'Alice Wonderland'` 這個用單引號包起來的原始名稱確實沒有被改變，這就是這段程式碼想要達到的效果。

小結

本章涵蓋了很多基礎內容。現在你已學會正則表達式，可用它來比對出給定字串中的特定模式。具體來說，你已學會 `re.compile()`、`re.match()`、`re.search()`、`re.findall()` 與 `re.sub()` 這幾個函式的用法。這些函式應該很大比例涵蓋了正則表達式的各種使用情境。在實務中應用正則表達式時，你當然也可以使用其他的函式。

你也學會了如何結合（與重組）各種基本的正則表達式，打造出更進階的正則表達式。你已經學會空白字元、轉義字元、貪婪 / 非貪婪模式、字元集合（與否定字元集合）、群組與具名群組，以及後面非（negative lookahead）在特定模式中的運用方式。最後你還學習到一種解決問題的好方法：一開始可以先解決原始問題的簡化版本，而不用急著過早嘗試歸納出通用的做法。

最後只剩下一件事，那就是盡可能多在實務工作中，應用這些你剛學會的正則表達式相關技能。如果想更習慣於運用正則表達式，其中一個好方法就是在你喜歡的文字編輯器中，開始嘗試運用正則表達式。大多數比較進階的文字與程式碼編輯器（包括 Notepad ++）都具有強大的正則表達式功能。另外，在處理文字資料時（例如編寫電子郵件、部落格文章、書籍與程式碼時），也請多考慮正則表達式的做法。正則表達式可以讓你的生活更輕鬆，並為你省下無數小時的繁瑣工作。

下一章我們打算深入探討程式設計的王道：演算法。

6

演算法

用 lambda 函式與排序的技巧找出易位構詞

用 lambda 函式與負向切取片段的技巧找出迴文

用遞迴型階乘函式計算排列方式的數量

計算 Levenshtein 距離

用函式型程式設計方式計算冪集合

用進階索引與解析式列表進行凱撒密碼加密

用艾氏篩法找出質數

用 reduce() 函式計算費氏數列

二元搜尋遞迴演算法

快速排序遞迴演算法

演算法是相當古老的概念。**演算法**無非就是一組指令，就像烹飪食譜一樣。不過，演算法在社會中所扮演的**角色**越來越重要：如今電腦已成為我們生活中越來越重要的一部分，演算法與演算法決策早已無所不在。

2018 年的一項研究特別強調，「資料正以一種『對我們這個世界的觀察』這樣的形式，逐漸滲透到現代社會之中 ...... 這樣的資訊反過來也被我們用來做出明智的（在某些情況下甚至是全自動的）決策 ...... 這樣的演算法似乎有可能與人類的決策進行互動，而這也是一種必要的發展，因為如此才能獲得社會認同，並得到廣泛的運用。」

NOTE 有關此研究更多的資訊，請參見 SC Olhede 與 PJ Wolfe 的《*The Growing Ubiquity of Algorithms in Society: Implications, Impacts, and Innovations*》（演算法在社會中日益普及：牽連、影響與創新），其網址為 *https://royalsocietypublishing.org/doi/full/10.1098/rsta.2017.0364#d2696064e1*。

整個社會在自動化、人工智慧以及無所不在的計算方面，正經歷著一場非常重大的趨勢，而理解演算法的人與不理解演算法的人，這兩種人之間的社會差距也在迅速擴大。舉例來說，物流業正朝向自動化這個主要趨勢不停發展，無人駕駛汽車與卡車也在不斷增加，許多專業的駕駛都在面臨著演算法即將搶走他們工作的事實。

21 世紀各種被追捧的技能與工作不斷變化，促使年輕人必須去瞭解、掌控與善用基本演算法，這已成為一件非常重要的事。雖然唯一不變的就是持續改變，但演算法與演算法理論相關的概念與基礎知識，就是許多即將發生的變化所憑藉的基礎。大體上來說，只要瞭解演算法，你就有能力在未來幾十年內，為各種蓬勃的發展做好準備。

本章旨在增進你對演算法的理解，更著重直覺概念而非理論，希望能讓你對概念與實際的實作有更全面的理解。雖然演算法的理論與各種實際的實作、概念的理解同等重要，但目前許多優秀的書籍都把重點放在理論部分。閱讀本章後，你就可以更直觀理解資訊科學其中一些最受歡迎的演算法，並從實務面提高你的 Python 實作技巧。這或許可以讓你在迎來各種技術突破之際，為你提供堅實的基礎。

NOTE Thomas Cormen 等人的《*Introduction to Algorithms*》（演算法簡介，MIT Press，2009）這本書是關於演算法理論相當優秀、十分值得閱讀的一個資源。

我們就從一個小小的演算法開始，先來解決一個簡單的問題；對於想找到好工作的程式設計師來說，這問題還蠻重要的喲。

用 lambda 函式與排序的技巧找出易位構詞

易位構詞（anagram）是一個經常出現在程式設計面試的熱門主題，可用來測試你的資訊科學詞彙，以及自行開發簡單演算法這方面的表現。我們打算在本節學習一種簡單的演算法，用 Python 來找出易位構詞。

基礎

如果兩個單詞全都是由相同的字元所構成，而且第一個單詞的每一個字元在第二個單詞中也都只出現一次，這兩個單詞就是所謂的「易位構詞（*anagram*）」。圖 6-1 與下面幾個例子，都是易位構詞的範例：

- listen（傾聽）→ silent（寂靜）
- funeral（喪禮）→ real fun（真正的樂趣）
- elvis（貓王艾維斯）→ lives（生命）

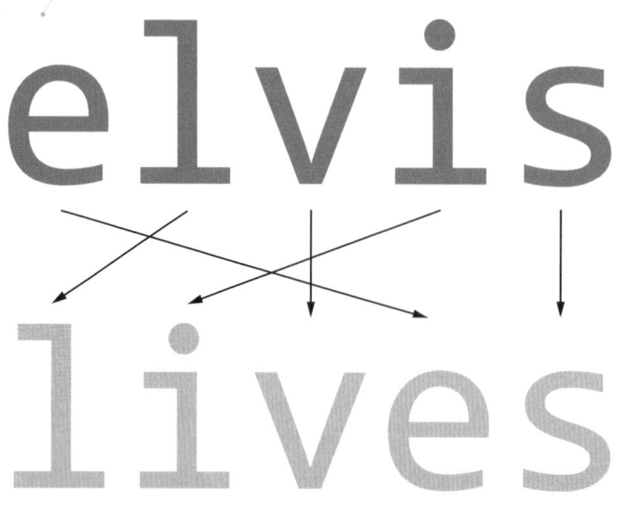

圖 6-1：elvis（貓王艾維斯）這個單詞是 lives（生命）這個單詞的易位構詞。

現在我們就來處理這個問題，找出一個簡潔的 Python 解決方式，判斷兩個單詞是否為易位構詞。開始寫程式吧。

程式碼

我們的目標就是寫出一個 `is_anagram()` 函式，它可以接受兩個字串 `x1` 與 `x2`，如果這兩個字串是易位構詞就送回 `True`！在繼續往下閱讀之前，請暫停片刻，好好思考一下這個問題。你打算如何用 Python 處理這個問題？列表 6-1 顯示的就是其中一種解決方式。

```
## 一行程式碼
❶ is_anagram = lambda x1, x2: sorted(x1) == sorted(x2)


## 結果
print(is_anagram("elvis", "lives"))
print(is_anagram("elvise", "livees"))
print(is_anagram("elvis", "dead"))
```

列表 6-1：這一行程式碼可用來檢查兩個字串是否為易位構詞

這段程式碼會列印出三行結果。輸出的結果會是什麼呢？

原理說明

如果兩個字串排序之後就變成相同的字串，那就一定是易位構詞，因此我們的做法就是先對兩個字串進行排序，然後再比較其中每個字元。就這麼簡單。完全不需要依賴外部的任何東西。你只需要運用 lambda 函式的定義方式（參見第 1 章）建立一個函式 `is_anagram()` ❶，其中有兩個參數 `x1` 與 `x2`。這個函數會把 `sorted(x1) == sorted(x2)` 這個表達式的結果送回來，如果排序之後按順序排列的每個字元都是相同的，送回來的結果就是 `True`。下面就是兩個字串排序之後所輸出的字元順序列表：

```
print(sorted("elvis"))
# ['e', 'i', 'l', 's', 'v']

print(sorted("lives"))
# ['e', 'i', 'l', 's', 'v']
```

「`elvis`」與「`lives`」這兩個字串所包含的字元完全相同，因此排序之後所得出的列表也是相同的。程式碼中三個 print 語句相應的結果如下：

```
## 結果
print(is_anagram("elvis", "lives")) # True
print(is_anagram("elvise", "livees")) # True
print(is_anagram("elvis", "dead")) # False
```

這裡有一個可供進階程式設計者參考的小註解：在 Python 中針對具有 *n* 個元素的列表進行排序，其執行階段的複雜度會隨著函數 *n log*（*n*）逐漸遞增。另一種單純的做法，則是「逐一檢查每個字元是否出現在兩個字串中、檢查之後剔除掉該字元」；這個演算法的複雜度，會隨著二次函數 *n ** 2* 逐漸遞增。相較之下，我們的一行程式碼應該算是比較有效率的做法。

不過，另外還有一種有效的做法，稱為直方圖法（*histogramming*），你可以分別針對兩個字串建立直方圖，計算出字串中所有字元出現的次數，然後再對兩個直方圖進行比較。假設字母的數量是固定的，那麼直方圖執行階段的複雜度就是線性的；它只會隨著函式 *n* 逐漸遞增。請各位自由嘗試實作一下這個演算法，做為一個小小的練習吧！

用 lambda 函式與負向切取片段的技巧找出迴文

本節打算介紹另一個在面試問題中很受歡迎的資訊科學相關術語：迴文（palindrome）。我們會運用一行程式碼檢查兩個單詞是否為彼此的迴文。

基礎

首先，什麼是迴文呢？**迴文**可定義為一連串的元素（例如一個字串或列表），其正向與反向讀取的結果都是相同的。下面就有一些有趣的範例，如果去掉其中的空格與標點符號，這些句子就是迴文：

- 「Mr Owl ate my metal worm」
- 「Was it a car or a cat I saw?」
- 「Go hang a salami, I' m a lasagna hog」
- 「Rats live on no evil star」
- 「Hannah」
- 「Anna」
- 「Bob」

我們的一行程式碼解決方式，要求你必須對切取片段有基本的瞭解。你在**第二章**應該就知道，切取片段是 Python 專屬的概念，讓我們可以從序列型資料（例如列表或字串）切取出其中一段範圍的值。切取片段時會運用簡潔的符號 `[start:stop:step]` 來切取出 `start`（包含）到 `stop`（不包含）這段範圍內的片段。第三個參數 `step` 可以讓你定義取值的間隔，也就是你在取下一個字元時，要先跳幾個字元（例如 `step = 2` 就表示每取完一個值要往後跳 2 步再取下一個值）。如果使用負的 step 值，就表示要以相反的方向走訪整個字串。

這些就是你在本節想用 Python 一行程式碼解決問題，必須先瞭解的所有概念。

程式碼

只要給定一個字串，你的程式碼應該就可以檢查字元的反向序列是否等於原始序列，以確定該字串是否為迴文。列表 6-2 顯示的就是相應的解法。

```
## 一行程式碼
is_palindrome = lambda phrase: phrase == phrase[::-1]


## 結果
print(is_palindrome("anna"))
print(is_palindrome("kdljfasjf"))
print(is_palindrome("rats live on no evil star"))
```

列表 6-2：這一行程式碼可用來檢查一段文字是否為迴文

原理說明

這個簡單的一行程式碼解法，並不需要依賴任何外部的函式庫。你只要定義一個 lambda 函式，接受單一個參數 `phrase`（所要測試的字

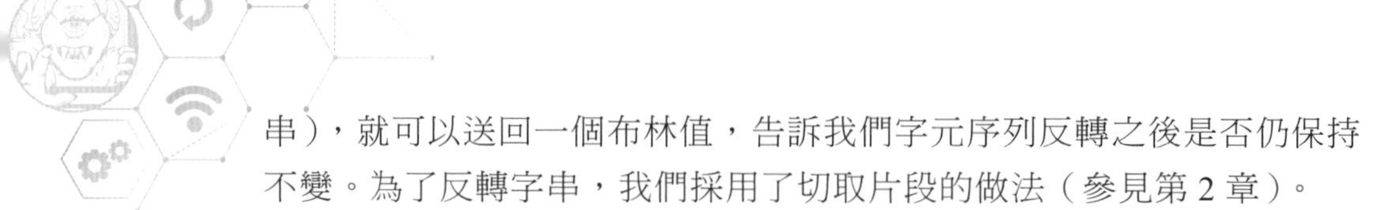

串），就可以送回一個布林值，告訴我們字元序列反轉之後是否仍保持不變。為了反轉字串，我們採用了切取片段的做法（參見第 2 章）。

這段一行程式碼的輸出結果如下：

```
## 結果
print(is_palindrome("anna")) # True
print(is_palindrome("kdljfasjf")) # False
print(is_palindrome("rats live on no evil star")) # True
```

第一與第三個字串是迴文，但第二個不是。接著我們就來探討另一個很受歡迎的資訊科學概念：排列方式（permutation）。

用遞迴型階乘函式計算排列方式的數量

本節打算介紹一種簡單有效的方法，可以在一行程式碼中進行階乘計算，以找出資料集所有可能排列方式的最大數量。

基礎

請考慮以下問題：英格蘭足球超級聯賽有 20 支球隊，每支球隊到賽季結束時即可確定其排名。在固定 20 隊的情況下，你可以計算出這些排名結果可能會有幾種不同的版本。請注意，問題並不是某一隊可能會有幾種排名結果（這個問題根本不用算，答案就是 20 種），問題是所有隊伍總共存在多少種排名結果。圖 6-2 只顯示了其中三種可能的排名結果。

圖 6-2：英格蘭足球超級聯賽各隊其中三種可能的排名結果

在資訊科學的術語中，你可以把每一種排名結果視為一種排列方式（*permutation*），其定義就是集合元素的某一種特定排列順序。我們的目標就是針對所給定的集合，找出所有可能排列方式的數量。這些排列方式的數量，對於賭博投注、對戰預測與比賽分析等應用來說，具有相當重要的意義。舉例來說，如果有 100 種不同的排名方式，每一種全都具有相同的初始機率，那麼出現其中某一種排名方式的機率就是 1/100 = 1%。這可以用來做為比賽預測演算法的基礎機率（**先驗機率**）。在這樣的假設下，如果要針對賽季之後的排名進行隨機預測，推測結果正確的機率就是 1%。

如果針對具有 n 個元素的集合，要計算出排列方式的數量，可以運用階乘函數 n ！。在接下來的幾段內容中，你就會瞭解其中的原理。階乘的定義如下：

$$n! = n \times (n - 1) \times (n - 2) \times . . . \times 1$$

舉例來說：

$$1! = 1$$
$$3! = 3 \times 2 \times 1 = 6$$
$$10! = 10 \times 9 \times 8 \times 7 \times 6 \times 5 \times 4 \times 3 \times 2 \times 1 = 3,628,800$$
$$20! = 20 \times 19 \times 18 \times . . . \times 3 \times 2 \times 1 = 2,432,902,008,176,640,000$$

我們就來看看它的原理。假設你有一組包含 10 個元素的資料 $S = \{ s0, s1, s2, ... , s9\}$，另外還有 10 個可以用來裝資料的桶子 $B = \{ b0, b1, b2, ... , b9\}$。你想把 S 裡的元素一個一個放入各個桶子中。在足球隊的範例中，20 隊就是元素，20 個排名就是桶子。你只要把所有元素逐一放到各個桶子中，就可以得出 S 的某一種排列方式。把元素指定給桶子有很多種不同的方式，而這些不同指定方式的數量，就是 S 裡的元素不同排列方式的數量。

下面的演算法可以計算出內含 10 個元素的集合（要放入 10 個桶子中）相應排列方式的數量：

1. 從集合 S 內取出第一個元素。目前有 *10* 個空桶子，所以你有 *10* 個**選項**，可以讓你放入元素。於是你把一個元素放入了一個桶子中。

2. 現在其中一個桶子已被佔用。接著從集合內取出第二個元素。現在還有 *9* 個空桶子，所以你有 *9* 個選項。

3. 到最後，你會從集合內取出第十個（最後一個）元素。到時候就有九個水桶已被佔用。只剩下 *1* 個空桶子，所以你就只有 *1* 個選項了。

你總共會有 10×9×8×7×6×5×4×3×2×1 = 10 ！ 個選項。把元素放入桶子的每一種可能的放法，就代表元素集合相應的一種排列方式。因此，具有 *n* 個元素的集合，其排列方式的數量就是 *n* ！。

如果採用遞迴（recursive）的方式，階乘函數也可以定義如下：

$$n! = n \times (n-1)!$$

遞迴的定義方式還需要定義一組基本條件（base case）如下：

$$1! = 0! = 1$$

上面這些基本條件，其背後相應的直覺概念是，只包含一個元素的集合，就只有一種排列方式，而具有零個元素的集合，同樣也具有一種排列方式（也就是把零元素指定給零個桶子的方法只有一種）。

程式碼

列表 6-3 的一行程式碼可針對具有 *n* 個元素的集合，計算出相應排列方式的數量 *n!*。

```
## 資料
n = 5


## 一行程式碼
factorial = lambda n: n * factorial(n-1) if n > 1 else 1


## 結果
print(factorial(n))
```

列表 6-3：這一行程式碼會以遞迴的方式定義階乘函數

請先嘗試搞清楚這段程式碼，究竟會有什麼樣的輸出。

原理說明

在這段程式碼中，你採用了遞迴的方式來定義階乘的計算。我們可藉此快速提升自己對遞迴的直觀理解。史蒂芬·霍金（Stephen Hawking）曾用一種簡潔的方法解釋遞迴：「若想瞭解遞迴，必先瞭解遞迴。」

韋氏詞典（Merriam-Webster dictionary）把遞迴定義為「一種電腦程式設計技術，牽涉到的用法是 ... 函式 ... 調用自己一次或好幾次，直到滿足所指定的條件為止，屆時每次重複調用而尚未執行的部分就會被執行，其順序則是從最後一次調用開始，直到第一次調用為止。」此定義的核心就是**遞迴函式**，也就是一個會調用自身的函式。但如果函式不斷調用自身，它永遠都不會停止下來。

因此，我們會設定一組特定的基本條件（base case）。如果滿足了基本條件，最後一次函式調用就會停止進行遞迴，然後把它所得到的解，送回給倒數第二次的函式調用。倒數第二次函式調用也會把它所得到的解，送回給倒數第三次的函式調用。這樣就會導致連鎖反應，逐漸把結果傳遞給更上層的遞迴操作，直到最後的第一次函式調用，就會送回最終的結果。或許寥寥幾行文字還是很難讓你理解這個概念，但請跟著我繼續往下看：我們接下來會在一行程式碼範例的幫助下，進行更多的討論。

一般來說，你可以透過四個步驟建立遞迴函式 f：

1. 把原始問題分解成比較小的問題。

2. 把比較小的問題拿來做為函式 f 的輸入（這樣就可以把比較小的問題分解成更小的問題，依此類推）。

3. 問題分解到最後，針對無法再進行分解的最小問題，定義出相應的**基本條件**；由於它已經是最小的問題了，所以無需再調用函式 f，只要根據所定義的基本條件即可直接求解。

4. 指定具體的做法，根據比較小問題的解，重新組合出比較大問題的解。

首先建立一個 lambda 函式，可接受一個參數 `n`，然後把這個 lambda 函式指定給 `factorial` 這個名稱。接著只要調用這個剛命名的函式 `factorial(n-1)`，就可以計算出 `factorial(n)` 的結果。`n` 的值可以是英超聯賽足球隊的數量（`n = 20`），也可以是任何其他的值，例如列表 6-3 裡的值（`n = 5`）。

用比較粗略的方式來說，我們只要把 factorial(n-1) 乘以輸入參數 `n`，就可以用比較簡單的 `factorial(n-1)`，求出比較難的 `factorial(n)`。相應的計算一旦來到了遞迴的基本條件 `n <= 1`，你就只需要把硬性設定的 `factorial(1)= factorial(0)= 1` 這些結果送回去即可。

這個演算法告訴我們，只要先對問題有了完全的理解，就有可能找出單純、簡潔而有效的解法。選擇最簡單的解法，就是在建立自己的演算法時，可以做的其中一件很重要的事。初學者經常會發現，自己總在寫著一些混亂而非必要的程式碼。

在這個範例中，階乘的遞迴式定義確實會比未採用遞迴的迭代式定義要來得簡短一些。你也可以自行嘗試看看，在不運用遞迴式定義、不使用外部函式庫的情況下，重新編寫這一行程式碼以做為練習，這絕不是件簡單的事，而且應該很難寫得那麼簡潔！

計算 Levenshtein 距離

我們打算在本節學習另一種重要的實用演算法，來計算所謂的 Levenshtein 距離。相較於之前的演算法，這個演算法更為複雜，因此這應該可以讓你訓練自己更清楚思考問題。

基礎

Levenshtein **距離**是一種計算兩個字串之間差距的衡量方式；換句話說，它可以用來量化兩個字串的相似度。它還有另一個名稱叫做「編輯距離」（*edit distance*），可說是精確說明了它所衡量的東西：把一個

字串轉換成另一個字串、所需進行的字元編輯（插入、刪除、替換）次數。Levenshtein 距離越小，就表示兩個字串越相似。

Levenshtein 距離在智慧型手機自動文字校正功能方面有很重要的應用。如果你在 WhatsApp Messenger 輸入 *helo*，智慧型手機會發現這並不是一個存在於資料庫的單詞，然後它就會選取幾個高機率的單詞，以做為可能的替換單詞，然後再按照相應的 Levenshtein 距離進行排序。舉例來說，以最小 Levenshtein 距離來判斷的話，相似度最高的就是 `'hello'`，因此你的手機很可能就會自動把 *helo* 修正為 *hello*。

我們就來考慮兩個不太相似的字串 `'cat'` 與 `'chello'` 做為例子好了。我們已經知道 Levenshtein 距離就是把第一個字串改成第二個字串所需的最小編輯次數，而表 6-1 顯示的就是這個最小編輯次數的編輯過程。

表 6-1：把「`cat`」改為「`chello`」所需的最少步驟

目前的單詞	所進行的編輯
cat	—
cht	把 a 換成 *h*
che	把 t 換成 *e*
chel	在位置 3 插入 *l*
chell	在位置 4 插入 *l*
chello	在位置 5 插入 *o*

表 6-1 透過 5 個編輯步驟，把「`cat`」這個字串轉換成「`chello`」，這也就表示其 Levenshtein 距離為 5。

程式碼

現在我們就來編寫一段 Python 一行程式碼，計算出字串 `a` 與 `b`、`a` 與 `c` 以及 `b` 與 `c` 的 Levenshtein 距離（參見列表 6-4）。

```
## 資料
a = "cat"
b = "chello"
c = "chess"

## 一行程式碼
ls = ❶lambda a, b: len(b) if not a else len(a) if not b else min(
  ❷ ls(a[1:], b[1:])+(a[0] != b[0]),
  ❸ ls(a[1:], b)+1,
  ❹ ls(a, b[1:])+1)

## 結果
print(ls(a,b))
print(ls(a,c))
print(ls(b,c))
```

列表 6-4：這一行程式碼可計算出兩個字串的 Levenshtein 距離

請根據你目前為止的理解，嘗試在執行程式之前，先自行計算出輸出的結果。

原理說明

在深入研究程式碼之前，我們先來快速探索一下這一行程式碼其中大量運用到的 Python 重要技巧。在 Python 中，每一個物件都有一個真假值（truth value），其值不是 `True` 就是 `False`。實際上，大多數物件都是 `True`，而你或許只要根據直覺，就可以猜到哪一些物件的值為 `False`：

- 數值 `0` 為 `False`。
- 空字串 `''` 為 `False`。
- 空列表 `[]` 為 `False`。
- 空集合 `set()` 為 `False`。
- 空字典 `{}` 為 `False`。

根據經驗法則，如果 Python 物件為空或零，就會被視為 `False`。瞭解這樣的概念之後，我們就來看看 Levenshtein 函式的第一部分：你建立了一個 lambda 函式，可接受兩個字串 `a` 與 `b`，它會送回字串 `a` 修改成字串 `b` 所需的編輯次數❶。

其中有兩種比較簡單的情況：如果字串 `a` 為空，則最小編輯距離就是 `len(b)`，因為你只需要插入字串 `b` 的每個字元即可。同樣的，如果字串 `b` 為空，最小編輯距離就是 `len(a)`。這也就表示，如果任一字串為空，就可以直接送回正確的編輯距離值。

我們再來看看兩個字串都不是空的情況。你可以先計算字串 `a` 與 `b` 相應後綴文字的 Levenshtein 距離，來簡化這個問題，如圖 6-3 所示。

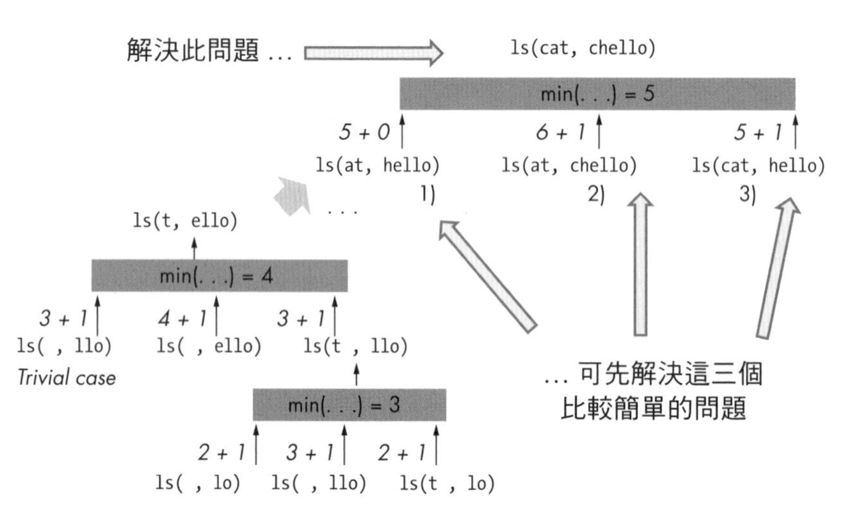

圖 6-3：先解決比較小的問題，然後藉由遞迴的方式，計算出單詞「`cat`」與「`chello`」的 Levenshtein 距離

如果要以遞迴方式計算出「`cat`」與「`chello`」這兩個字串之間的 Levenshtein 距離，你就要先（以遞迴的方式）解決幾個比較簡單的問題：

1. 你可以先計算 `at` 與 `hello` 這兩個後綴文字之間的距離，因為如果你知道如何把 `at` 轉換成 `hello`，你就可以再看看需不需要編輯第一個字元（如果兩個字串開頭的字元相同，就不需要編輯），輕鬆把 `cat`

轉換成 chello。假設 at 與 hello 的距離為 5，你就可以知道 cat 與 chello 的距離最多也是 5，因為兩個單詞都是以 c 這個字元為開頭，不需要再編輯這個字元，所以後面只要重複運用完全相同的編輯過程即可。

2. 你也可以計算一下 at 與 chello 之間的距離。假設此距離為 6，你就可以知道 cat 和 chello 之間的距離最多為 6 + 1 = 7，因為只要先簡單刪除第一個單詞開頭的字元 c（多一次編輯操作）。接下來再重複採用完全相同的編輯過程，就可以把 at 轉換成 chello。

3. 你還可以計算出 cat 與 hello 之間的距離。假設此距離為 5，你就可以知道 cat 與 chello 這兩個字串之間的距離最多為 5 + 1 = 6，因為你還需要先在第二個單詞的開頭插入字元 c（多一次編輯操作）。

這些全都是針對第一個字元有可能採用的做法（替換、刪除、插入），而 cat 與 chello 之間真正的 Levenshtein 距離，則會取 1、2、3 這三種情況其中的最小值。現在我們就來進一步檢視列表 6-4 裡的這三種情況。

第一，你先以遞迴的方式計算出從 a[1:] 轉換成 b[1:] 的編輯距離❷。如果開頭的字元 a[0] 與 b[0] 不相同，你就必須進行修改，把 a[0] 替換成 b[0]，如此一來也就增加了一個編輯距離。如果開頭的字元相同，ls(a[1:], b[1:]) 這個比較簡單問題的解，也就等於是 ls(a, b) 這個比較複雜問題的解，如你在圖 6-3 所見。

第二，你也要以遞迴的方式計算出從 a[1:] 轉換成 b 的編輯距離❸。假設你已經知道此距離（從 a[1:] 轉換成 b），那要如何進一步計算出從 a 轉換成 b 的距離呢？答案很簡單，只要**移除** a 開頭的第一個字元 a[0] 即可，這也就表示還需要多一次編輯操作。這樣一來，你就可以把比較複雜的問題，簡化成比較簡單的問題了。

第三，你還要以遞迴的方式計算出從 a 轉換成 b[1:] 的距離❹。假設你已經知道此距離（從 a 轉換成 b[1:]）。如何計算出從 a 轉換成 b 的距離呢？在這個情況下，你只要再多一個簡單的步驟，把 b[0] 這個字

元插入到 `b[1:]` 的開頭即可（從 `a` 轉換成 `b[1:]` 再轉換成 `b`），而這同樣也會增加一個編輯距離。

最後你只要從這三種做法（替換第一個字元、移除第一個字元、插入第一個字元），簡單取出其中最小的編輯距離即可。

這一行程式碼的解決方式，再次證明訓練自己善用遞迴的技能有多重要。遞迴的做法對你來說或許還不是很自然，但請放心，在研究過許多這類的遞迴問題之後，你運用起來就會越來越得心應手了。

用函式型程式設計方式計算冪集合

我們在本節會學到一個重要的數學概念，也就是所謂的冪集合（powerset）：由所有子集合所構成的集合。在統計學、集合論、函式型程式設計（functional programming）、機率論與演算法分析中，都會用到冪集合的概念。

基礎

在給定集合 s 的情況下，**冪集合**指的就是由 s 所有子集合所構成的集合。這個集合其中包括了空集合 `{}`、原始集合 `s`，以及原始集合所有其他可能的子集合。這裡有一些範例。

範例 1：

- 給定集合：`s = {1}`
- 冪集合：`P = {{}, {1}}`

範例 2：

- 給定集合：`s = {1, 2}`
- 冪集合：`P = {{}, {1}, {2}, {1, 2}}`

範例 3：

- 給定集合：`s = {1, 2, 3}`
- 冪集合：`P = {{{}, {1}, {2}, {3}, {1, 2}, {1, 3}, {2, 3}. {1, 2, 3}}`

對於一個具有 *n* 個元素的集合 *s* 來說，如果要計算冪集合 P_n，可以先運用比較小的冪集合 P_{n-1}（也就是具有 *n – 1* 個元素的 *s* 子集合相應的冪集合）。舉個例子，假設你要計算 s = {1, 2, 3} 這個集合的冪集合。

1. 把零個元素相應的冪集合 P_0 初始化定義為 $P_0 = \{\{\}\}$。換句話說，這就是空集合的冪集合。這個冪集合其中只包含空集合本身。

2. 接下來我們會不斷從集合 *s*（隨機）取出一個元素 *x*，然後反覆運用以下的程序，根據 *n-1* 個元素相應的冪集合 P_{n-1}，得出 *n* 個元素相應的冪集合 P_n：

3. *Pn–1* 裡的每一個集合 *p*，都可以與 *x* 取聯集，得出一堆新的子集合。所有這些新的子集合，可組成一個新的臨時集合 *T*。舉例來說，如果 $P_2 = \{\{\}, \{1\}, \{2\}, \{1, 2\}\}$，我們可以先把 *x = 3* 這個元素添加到 P_2 裡的每一個集合中，再把這些新的子集合，組合成新的臨時集合 $T = \{\{3\}, \{1, 3\}, \{2, 3\}, \{1, 2, 3\}\}$。

4. 只要把新集合 *T* 與冪集合 P_{n-1} 合併起來，就可以得到冪集合 P_n。舉例來說，只要把前一步驟的臨時集合 *T* 與冪集合 P_2 合併起來，就可以得到冪集合 P_3：P_3 = *T* 與 P_2 的聯集

5. 回到步驟 2，直到原始集合 *s* 空了為止。

我會在下一節更詳細說明此策略。

reduce() 函式

除此之外，你必須先正確理解我們在一行程式碼中所運用到的一個重要 Python 函式：`reduce()` 函式。`reduce()` 函式是 Python 2 的一個內

建函式，不過開發者們認為它並沒有很常被用到，因此 Python 3 並沒有內建這個函式，你必須先從 functools 函式庫中把它匯入進來。

`reduce()` 函式有三個參數：`reduce(function, iterable, initializer)`。`function` 參數定義的是一個函式，負責把兩個值 `x` 與 `y` 化簡成一個單一的值（例如 `lambda x, y: x + y`）。這樣一來，你就可以用迭代的方式，每次都從 `iterable`（第二個參數）這個可迭代物件取兩個值，然後化簡成一個單一的值，就這樣持續迭代操作，直到用完 `iterable` 裡所有的值為止。`initializer` 是一個可有可無的參數，如果沒設定的話，Python 就會把 `iterable` 的第一個值當成預設值。

舉例來說，只要調用 `reduce(lambda x, y: x + y, [0,1,2,3])`，就會執行以下計算：`(((0 + 1) + 2) + 3) = 6`。換句話說，一開始先把 `x = 0` 和 `y = 1` 這兩個值化簡為加總和 `x + y = 0 + 1 = 1`。然後，再把第一次調用 lambda 函數的結果，當成第二次調用 lambda 函數的輸入：`x = 1`、`y = 2`。結果就是加總和 `x + y = 1 + 2 = 3`。最後，我們再用第二次調用 lambda 函式的結果，當成第三次調用 lambda 函式的輸入：`x = 3`、`y = 3`。結果就是加總和 `x + y = 3 + 3 = 6`。

在前一個範例中你可以看到，`x` 的值總是會代入前一次調用 lambda 函式的結果。參數 `x` 會被用來存放累計的值，而參數 `y` 則被用來放 `iterable` 中最新取得的更新值。這就是以迭代方式把 `iterable` 參數中所有值「化簡」（reduce）成單一值的過程。可有可無的第三個參數 `initializer` 可用來指定 `x` 的初始輸入值。現在有了 reduce() 函式，我們就可以定義一個序列匯整器（*sequence aggregator*），如列表 6-5 所示。

列表相關運算

深入探討本節的一行程式碼之前，你必須先瞭解另外兩個列表相關運算。第一個是列表串接運算符號「`+`」，它可以把兩個列表接合起來。舉例來說，`[1, 2] + [3, 4]` 這個表達式的運算結果就是 `[1, 2, 3, 4]` 這個新列表。第二個是聯集運算符號「`|`」，它可以讓兩個集合執行簡

單的聯集（union）操作。舉例來說，{1, 2}|{3, 4} 這個表達式的運算結果就是 {1, 2, 3, 4} 這個新集合。

程式碼

列表 6-5 提供了一個一行程式碼解決方案，可用來計算出所給定集合 *s* 的冪集合。

```
# 依賴的模組套件
from functools import reduce


# 資料
s = {1, 2, 3}


# 一行程式碼
ps = lambda s: reduce(lambda P, x: ❶P + [subset | {x} for subset in P], s, ❷[set()])


# 結果
print(ps(s))
```

列表 6-5：這一行程式碼可用來計算出給定集合的冪集合

各位不妨猜猜看，這段程式碼會有什麼樣的輸出！

原理說明

這一行程式碼的構想，就是從空集合的冪集合開始❷，然後反覆給它添加子集合❶，直到找不出更多的子集合為止。

一開始，冪集合裡只有一個空集合。接下來的每一個步驟，我們都會從資料集合 s 取出一個元素 x，然後把 x 添加到冪集合內的每一個子集合❷，自然而然創建出一堆新的子集合。如同本節之前的介紹，每次只要從資料集合 s 取出一個元素 x，冪集合就會變大一倍。因為我們雖然一次只從資料集合取出一個元素，但原本有 n 個子集合的冪集合，一次就會再多出 *n* 個新的子集合。注意到了嗎？冪集合的大小會呈指數增長：資料集合的每一個元素 *x*，都會讓冪集合的大小加倍。這是冪集合天生固有的特性：它很快就會耗盡儲存空間的容量，即使只有幾十個元素的資料集合，其冪集合還是會迅速成長至極大的規模。

`reduce()` 函式會持續把最新的冪集合保存在變數 `P`（一開始只有一個空集合）。同時 `reduce()` 函式也不斷運用解析式列表，創建出一堆新的子集合（每一個原有的子集合，都會創建出一個新的子集合），然後再全部放入冪集合 `P` 之中。具體來說，從資料集合取出的 `x` 會被添加到每一個原本的子集合內，然後這些**包含** `x` 的各個子集合，與**未包含** `x` 的原本那些子集合，全都會被放入冪集合內，因此其大小當然會不斷加倍。在這樣的做法下，`reduce()` 函式會不斷「合併」兩個元素：冪集合 `P` 與資料集合內的元素 `x`。

因此，這一行程式碼的結果如下：

```
# 結果
print(ps(s))
# [set(), {1}, {2}, {1, 2}, {3}, {1, 3}, {2, 3}, {1, 2, 3}]
```

這一行程式碼非常清楚證明了一件事，那就是對 lambda 函式、解析式列表與 set 集合相關操作有透徹的了解，是多麼重要的一件事。

用進階索引與解析式列表進行凱撒密碼加密

我們打算在本節學習一種稱為**凱撒密碼**的古老加密技術，它正是凱撒大帝（Julius Caesar）本人用來混淆自己私人對話的一種做法。遺憾的是，凱撒密碼破解起來十分簡單，並不足以提供確實的保護，不過它還是經常被用來做為一種娛樂，或是混淆論壇中一些應該避免讓單純的讀者看到的內容。

基礎

凱撒密碼加密主要是基於以下的構想：根據字母順序固定平移幾個位置，把每個字母換成另一個字母，藉以達到加密的效果。我們就來看一下凱撒密碼其中的一個特例，稱為 ROT13 演算法。

ROT13 演算法是一種簡單的加密演算法，許多論壇（例如 Reddit）都用它來阻止一些破壞者，或是針對新手隱藏對話的語義。就算攻擊者並不知道你把每個字母平移了幾個位置，ROT13 演算法還是很容易進行解密，攻擊者只需針對加密文字其中的字母分佈進行機率分析，就可以破解你的程式碼。請絕對不要靠這個演算法來做為實際加密你訊息的做法！儘管如此，ROT13 演算法仍有許多輕型的應用：

- 在網路論壇中，用來隱藏謎題的解答。
- 針對電影或書籍，用來遮掩可能會劇透或爆雷的文字。
- 用來嘲笑其他的弱加密演算法：「56 位元 DES 至少比 ROT13 強一點。」
- 對於 99.999% 的電子郵件垃圾郵件機器人來說，這樣的擾亂做法就足以讓網站內的電子郵件地址變得晦澀難懂。

因此，ROT13 與其說是一種嚴肅的加密方式，不如說是網路文化中很受歡迎的一種堵嘴手段與教育工具。

這個演算法可以用一句話來解釋：***ROT13 = 把所要加密的字串其中的 26 種字母，以旋轉的方式平移 13 個位置***（原位置加 13 再除以 26 最後取餘數；參見圖 6-4）。

原始未混淆化的字母

A	B	C	D	E	F	G	H	I	J	K	L	M	N	O	P	Q	R	S	T	U	V	W	X	Y	Z
N	O	P	Q	R	S	T	U	V	W	X	Y	Z	A	B	C	D	E	F	G	H	I	J	K	L	M

ROT13 混淆化之後的字母

圖 6-4：這個表格顯示如何使用 ROT13 演算法，對每個字母進行加密與解密。

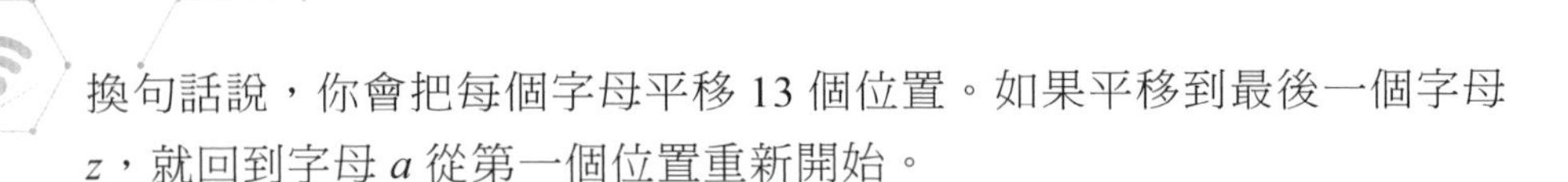

換句話說，你會把每個字母平移 13 個位置。如果平移到最後一個字母 *z*，就回到字母 *a* 從第一個位置重新開始。

程式碼

列表 6-6 所建立的一行程式碼，就是運用 ROT13 演算法對字串 s 進行加密！

```
## 資料
abc = "abcdefghijklmnopqrstuvwxyz"
s = "xthexrussiansxarexcoming"


## 一行程式碼
rt13 = lambda x: "".join([abc[(abc.find(c) + 13) % 26] for c in x])


## 結果
print(rt13(s))
print(rt13(rt13(s)))
```

列表 6-6：這一行程式碼採用 ROT13 演算法，對字串 s 進行加密

請先運用圖 6-4 嘗試破解此程式碼：這段程式碼會輸出什麼樣的結果呢？

原理說明

這裡的一行程式碼會根據 abc 裡的字母順序，把字串 x 的每個字元向右平移 13 個位置以進行加密，而這些已加密字元構建出一個列表之後，再用 join 把列表裡的每個字元重新連接起來，就可以得出加密後的結果。

我們就來仔細看看如何加密每個字元。你先用解析式列表（參見第 2 章）把每個字元 c 替換成往右平移 13 個位置的字母，然後再用這些已加密字元構建出一個列表。如果是索引值 > = *13* 的字母，就會遇到

超出最大索引值 26 的情況，而這種情況的處理方式非常重要。舉例來說，把索引值為 25 的字母 z 往右平移 13 個位置，索引值就會變成 25 + 13 = 38，這個值並不是有效的字母索引值。為了解決這個問題，你可以採用「取餘數」的運算符號，以確保索引值超出 z 的最大索引值 25 之後，會重新回到字母開頭處，也就是*索引值 == 0*（字母 a）的位置，繼續往右找出相應的索引值，以進行加密的處理。接著只要繼續往右平移，結果就會對應到其餘尚未應用到的 13 個位置（參見圖 6-5）。舉例來說，字元 z 平移了 13 個位置之後索引值變成 38，在除以 26 之後取餘數（在 Python 程式碼中就是 38%26），便可得到 12 的索引值（字母 m）。

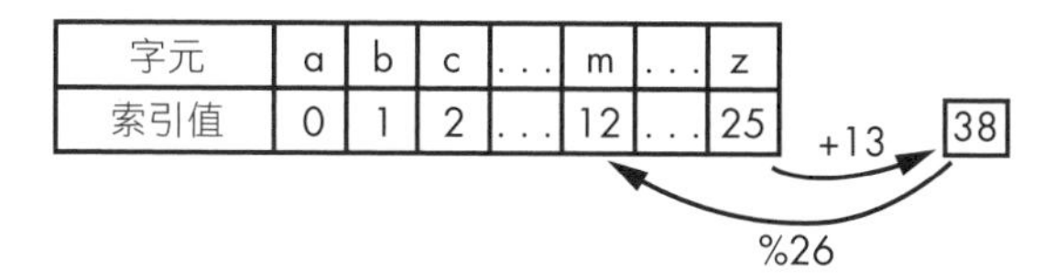

圖 6-5：索引值衝過頭，就會從 0 這個索引值重新開始繼續平移操作，其相應的平移順序如下：25 > 0 > 1> …… > 12

以下就是程式碼最關鍵的部分，準確呈現出每個字元 c 平移 13 個位置的做法：

```
abc[(abc.find(c) + 13) % 26]
```

首先，你會根據 abc 找出 c 這個字元相應的索引值。接著運用我們之前介紹過的技巧，把字元 c 在字串 abc 中所對應的索引值加上 13 再除以 26 取餘數，以達到向右平移的效果。

這一行程式碼的輸出結果如下：

```
## 結果
print(rt13(s))
# kgurkehffvnafknerkpbzvat

print(rt13(rt13(s)))
# xthexrussiansxarexcoming
```

總結來說，你已學會凱撒密碼的特殊變形 ROT13 演算法，可以把字串中每個字元按字母順序平移 13 個位置。只要平移兩次，移動 $13 + 13 = 26$ 個索引位置，就會變回原始的字母，因此加密與解密都可以使用相同的演算法。

用艾氏篩法找出質數

找出質數對於密碼學之類的實際應用來說至關重要。（從密碼學的角度來看）許多公鑰方法之所以夠安全，全都是因為要計算出數字很大的質數，速度通常很慢而且很沒效率。我們會運用一種古老的演算法來製作出一行程式碼，把某個數值範圍內的所有質數全都找出來。

基礎

質數 n 是一個整數，除了 1 與 n 之外，沒有任何其他整數可以將它整除。換句話說，對於一個質數來說，絕不會有 $a > 1$ 和 $b > 1$ 兩個整數的乘積會等於該質數：也就是絕不會有 $a \times b = n$。

假設你要判斷所給定的數字 n 是否為質數。我們就先從一個可判斷質數的單純演算法開始好了（參見列表 6-7）。

```
def prime(n):
❶ for i in range(2,n):
    ❷ if n % i == 0:
            return False
    return True


print(prime(10))
# False

print(prime(11))
# True
```

```
print(prime(7919))
# True
```

列表 6-7：可判斷所給定數字 n 是否為質數的其中一種單純實作方式

這個演算法會逐一檢查 2 到 n-1 之間所有的數字 ❶ 看有沒有哪個數字可整除 n 而不會有餘數 ❷。舉例來說，在判斷數字 n = 10 是否為質數時，這個演算法很快就會發現，當 i = 2 時，n % i == 0 這個表達式的計算結果就是 True。這也就表示找到了一個 i 可以整除 n，因此 n 不是質數。在這樣的情況下，這個演算法就會中止任何進一步的計算，並送回 False 的結果。

檢查單一數字的時間複雜度就等於輸入值 n：在最糟的情況下，這個演算法需要進行 n 次迴圈迭代才能判斷數字 n 是否為質數。

假設現在我們想要找出 2 到某個最大值 m 之間所有的質數。你可以簡單重複執行 m-1 次列表 6-7 的質數測試方法（參見列表 6-8）。不過，這個做法必須付出巨大的處理成本。

```
# 找出所有 <= m 的質數
m = 20
primes = [n for n in range(2,m+1) if prime(n)]

print(primes)
# [2, 3, 5, 7, 11, 13, 17, 19]
```

列表 6-8：找出所有小於等於 m 的質數

我們在這裡運用解析式列表（參見第 2 章），創建出一個由所有小於 m 的質數所構成的列表。這裡引入了一個 for 迴圈，這也就表示此演算法需要調用 m 次 is_prime（n）函式，所以時間複雜度就會落在 m ** 2 的尺度。運算的次數會隨著輸入 m 的平方而逐漸增加。如果想找出小於 m = 100 的所有質數，最多需要進行 m ** 2 = 10000 次的運算！

我們隨後所建立的一行程式碼，則可以大幅降低這個時間成本。

程式碼

我們打算用這裡的一行程式碼寫出一種演算法，找出最大整數 m 以內的所有質數，而且希望在時間上比之前那種單純的做法更有效率。列表 6-9 的一行程式碼主要是受一種古老的演算法所啟發，這種演算法稱為艾氏篩法（Sieve of Eratosthenes），稍後我就會在本節進行說明。

```
## 依賴的模組套件
from functools import reduce

## 資料
n=100

## 一行程式碼
primes = reduce(lambda r, x: r - set(range(x**2, n, x)) if x in r else r,
                range(2, int(n**0.5) + 1), set(range(2, n)))
## 結果
print(primes)
# {2, 3, 5, 7, 11, 13, 17, 19, 23, 29, 31, 37, 41, 43,
#  47, 53, 59, 61, 67, 71, 73, 79, 83, 89, 97}
```

列表 6-9：這一行程式碼實作了艾氏篩法

你可能需要一些額外的背景知識，才能瞭解這裡發生了什麼事。

原理說明

坦白說，我很猶豫該不該在本書介紹這一行程式碼。這一行程式碼很容易令人感到困惑，而且相當複雜、很不容易理解。不過這依然是你在實務工作中有可能會遇到的一種程式碼類型，因此就算需要多花一點時間，我還是希望透過本書，確保你能夠理解各式各樣的一行程式碼。這是我在一次偶然的機會下，在 StackOverflow 發現的一行程式碼。它大體上是基於一種叫做**艾氏篩法**的古老演算法，其設計本身就是用來找出質數。

NOTE 為了清楚起見，我對 StackOverflow 裡的原始一行程式碼做了一些修改。就在我撰寫本文的此時，在 *https://stackoverflow.com/questions/10639861/python-prime-generator-in-one-line/* 還是可以找到這一行程式碼的原始版本。

艾氏篩演算法

這個演算法會先建立一個巨大的數字陣列，其中包含 `2` 到 `m`（最大整數）之間所有的數字。陣列中的每個數字都是*質數的候選者*，這也就表示，演算法一開始會把它們全都視為可能的質數（但還不能*確定*）。在演算法的執行過程中，你就會逐漸篩選掉無法通過質數考驗的候選者。通過這個篩選程序之後，最後剩下來的就是質數了。

為了實現這個演算法，我們會進行計算並標記出陣列中不是質數的數字。到最後，完全沒有標記的數字就是質數了。

這個演算法會重複以下的步驟：

1. 首先從第一個數字 2 開始。整個程序會一直回到此步驟，每次都要找出下一個數值更大的質數 x。只要往數值更大的方向，找出第一個沒被標記起來的數值 x，這個 x 就是一個質數，因為它之所以沒有被標記起來，正是因為比 x 小的整數全都無法整除它（這就是質數的定義）。

2. 接著把數字 x 所有的倍數全都標記起來，因為它們全都不是質數：這些數字全都可以被 x 整除。

3. 在執行方面還可以再進行簡單的最佳化：直接從數字 $x \times x$ 而不是從 $2x$ 開始標記倍數，因為從 $2x$ 到 $x \times x$ 之間該標記的數字全都已經標記過了。關於這個簡單的數學參數，我會在後面進一步說明。總之，你就從 $x \times x$ 開始進行標記就對了。

圖 6-6 到圖 6-11 以逐步說明的方式呈現演算法的操作過程。

開始

1	2	3	4	5	6	7	8	9	10
11	12	13	14	15	16	17	18	19	20
21	22	23	24	25	26	27	28	29	30
31	32	33	34	35	36	37	38	39	40
41	42	43	44	45	46	47	48	49	50
51	52	53	54	55	56	57	58	59	60
61	62	63	64	65	66	67	68	69	70
71	72	73	74	75	76	77	78	79	80
81	82	83	84	85	86	87	88	89	90
91	92	93	94	95	96	97	98	99	100

圖 6-6：艾氏篩演算法的初始化

一開始，從 2 到 m = 100 之間的所有數字均未標記（以白底色表示）。其中第一個未標記的數字 2 就是一個質數。

這是質數　標記 2 的所有倍數

1	**2**	3	4	5	6	7	8	9	10
11	12	13	14	15	16	17	18	19	20
21	22	23	24	25	26	27	28	29	30
31	32	33	34	35	36	37	38	39	40
41	42	43	44	45	46	47	48	49	50
51	52	53	54	55	56	57	58	59	60
61	62	63	64	65	66	67	68	69	70
71	72	73	74	75	76	77	78	79	80
81	82	83	84	85	86	87	88	89	90
91	92	93	94	95	96	97	98	99	100

圖 6-7：把 2 的所有倍數標記起來，因為那些全都不是質數。演算法之後會完全忽略掉這些已標記的數字。

這是質數　　標記 3 的所有倍數 (從 3^2 開始標記)

1	**2**	**3**	4	5	6	7	8	9	10
11	12	13	14	15	16	17	18	19	20
21	22	23	24	25	26	27	28	29	30
31	32	33	34	35	36	37	38	39	40
41	42	43	44	45	46	47	48	49	50
51	52	53	54	55	56	57	58	59	60
61	62	63	64	65	66	67	68	69	70
71	72	73	74	75	76	77	78	79	80
81	82	83	84	85	86	87	88	89	90
91	92	93	94	95	96	97	98	99	100

圖 6-8：把 3 的倍數全都標記為「非質數」。

往數值更大的方向來到下一個未標記的數字 3。由於 3 到此時還未進行過標記，所以 3 也是一個質數。所有比 3 小的數字相應的倍數全都已被標記過，因此可以確定已經沒有比 3 小的數字可以整除 3 了。根據定義，數字 3 一定是一個質數。接著再把 3 的所有倍數全都標記起來，因為那些全都不是質數。我們可以從 3 × 3 開始進行標記，因為 3 到 $3 \times 3 = 9$ 之間所有 3 的倍數全都已經被標記過了。

這是質數　　標記所有 5 的倍數（從 5^2 開始標記）

1	**2**	**3**	4	**5**	6	7	8	9	10
11	12	13	14	15	16	17	18	19	20
21	22	23	24	25	26	27	28	29	30
31	32	33	34	35	36	37	38	39	40
41	42	43	44	45	46	47	48	49	50
51	52	53	54	55	56	57	58	59	60
61	62	63	64	65	66	67	68	69	70
71	72	73	74	75	76	77	78	79	80
81	82	83	84	85	86	87	88	89	90
91	92	93	94	95	96	97	98	99	100

圖 6-9：把 5 的倍數全都標記為「非質數」。

接著再轉往下一個未標記的數字 5（它也是一個質數）。把 5 的所有倍數全都標記起來。我們可以從 5×5 開始進行標記，因為 5 到 5×5 = 25 之間所有 5 的倍數全都已經標記過了。

標記 7 的所有倍數 (從 7^2 開始標記)

這是質數 ↓

1	**2**	**3**	4	**5**	6	**7**	8	9	10
11	12	13	14	15	16	17	18	19	20
21	22	23	24	25	26	27	28	29	30
31	32	33	34	35	36	37	38	39	40
41	42	43	44	45	46	47	48	49	50
51	52	53	54	55	56	57	58	59	60
61	62	63	64	65	66	67	68	69	70
71	72	73	74	75	76	77	78	79	80
81	82	83	84	85	86	87	88	89	90
91	92	93	94	95	96	97	98	99	100

圖 6-10：把 7 的倍數全都標記為「非質數」。

接著再到下一個未標記的數字 7（也是一個質數）。把 7 的所有倍數全都標記起來。然後再從數字 7×7 開始進行標記，因為 7 到 7×7 = 49 之間所有 7 的倍數全都已經標記過了。

標記 11 的所有倍數 (從 11^2 開始標記) →已完成

這是質數 → (11)

1	**2**	**3**	4	**5**	6	**7**	8	9	10
11	12	**13**	14	15	16	**17**	18	**19**	20
21	22	**23**	24	25	26	27	28	**29**	30
31	32	33	34	35	36	**37**	38	39	40
41	42	**43**	44	45	46	**47**	48	49	50
51	52	**53**	54	55	56	57	58	**59**	60
61	62	63	64	65	66	**67**	68	69	70
71	72	**73**	74	75	76	77	78	**79**	80
81	82	**83**	84	85	86	87	88	**89**	90
91	92	93	94	95	96	**97**	98	99	100

圖 6-11：把 11 的倍數全都標記為「非質數」。

接著來到下一個未標記的數字 11（也是一個質數）。把 11 的所有倍數全都標記起來。由於你打算從數字 $11 \times 11 = 121$ 開始進行標記，但你發現這個數字已經大於我們的最大數字 $m = 100$。因此，演算法到這裡就可以停止下來了。剩下所有尚未標記過的數字，全都無法被任何其他數字整除，因此全都是質數。

艾氏篩法比原始演算法有效率得多，因為原始演算法會**以獨立的方式**逐一檢查每一個數字，而忽略掉之前所有的計算。相較之下，艾氏篩法卻可以**重複運用**先前計算步驟中的結果，這其實是在許多演算法最佳化領域中常見的一種構想。每次當我們把質數的倍數劃掉時，基本上就省去了檢查該倍數值是否為質數的繁瑣工作，因為我們已經知道它絕不是一個質數了。

你可能想知道為什麼我們可以從質數的平方開始、而不需要從質數本身開始進行倍數的標記工作。舉例來說好了，在圖 6-10 中你可以看到，演算法找到 7 這個質數之後，就從 $7 \times 7 = 49$ 開始標記後續的倍數值。其原因是你已經標記過前面的幾個倍數值 7×2、7×3、7×4、7×5、7×6，因為 2、3、4、5、6 這幾個倍數值，在之前標記比 7 小的倍數值時應該都已經標記過了。

一行程式碼的說明

對演算法的概念有了全面瞭解之後，你現在就可以開始研究這裡的一行程式碼了：

```
## 一行程式碼
primes = reduce(lambda r, x: r - set(range(x**2, n, x)) if x in r else r,
                range(2, int(n**0.5) + 1), set(range(2, n)))
```

這裡的一行程式碼運用 `reduce()` 函式，針對 2 到 n 之間所有的數字（也就是一行程式碼裡的 `set(range(2, n))`），以一次一個步驟的方式，逐次移除掉所有標記過的數字。

這裡會把 set(range(2, n)) 當成未標記值集合 r 的初始值，因為一開始所有的值全都是未標記過的。接著一行程式碼會針對 2 到根號 n 之間所有的數字 x（一行程式碼中的：range(2, int(n**0.5)+1)）進行迭代，（從 x**2 開始）移除掉集合 r 內所有 x 的倍數，不過唯有數字 x 是質數時才會做這個動作，而我們之所以知道數字是質數，是因為該數字在輪到時還沒被移出集合 r。

請花 5 至 15 分鐘重新閱讀這裡的說明，然後仔細研究這一行程式碼其中各個不同的部分。我向你保證，你會發現這個練習很值得，因為這一定能大大提升你對 Python 程式碼的理解能力。

用 reduce() 函式計算費氏數列

著名義大利數學家 Fibonacci（費波那契，原名：Leonardo of Pisa，比薩的李奧納多）在 1202 年給人們帶來費氏數列的概念，而人們很驚訝地發現，這些數字竟然在數學、藝術與生物學等領域，都具有相當重要的意義。本節打算向你展示，如何用一行程式碼計算出費氏數列。

基礎

費氏數列是以數字 0 與 1 開頭，接下來隨後的每個數字，全都是前兩個數字的加總和。費氏數列本身就內建了演算法的概念！

程式碼

列表 6-10 從數字 0 與 1 開始，計算出一組內含 *n* 個數字的費氏數列。

```
# 依賴的模組套件
from functools import reduce


# 資料
```

```
n = 10

# 一行程式碼
fibs = reduce(lambda x, _: x + [x[-2] + x[-1]], [0] * (n-2), [0, 1])

# 結果
print(fibs)
```

列表 6-10：這一行程式碼可用來計算出費氏數列

請先研究一下這段程式碼，再嘗試推測輸出的結果。

原理說明

我們將再次運用強大的 `reduce()` 函式。一般來說，如果你想以動態計算的方式匯整狀態資訊，這個函式就很好用；舉例來說，如果你想用前面剛計算出來的最後兩個費氏數值，計算出下一個費氏數值，就很適合採用這個函式。解析式列表（參見第 2 章）就很難做到這一點，因為解析式列表通常無法存取解析式列表本身剛建立起來的值。

你可以善用 `reduce()` 函式的三個參數 `reduce(function, iterable, initializer)`，根據 `iterable` 這個可迭代物件，以一次一個值的方式，用 `function` 持續計算出新的費氏數值，再逐一添加到負責匯整的物件之中。

我們在這裡用一個簡單的列表物件來負責匯整，一開始裡頭就只有兩個費氏數值 `[0, 1]`。還記得嗎？這個負責匯整的物件會被當成 `function` 的第一個參數（在我們的範例中就是 `x`）。

第二個參數則是取自 `iterable` 的下一個元素。不過，這裡運用了（`n-2`）個「虛代值」（dummy values）來初始化 `iterable`，主要是為了強迫 `reduce()` 函式執行（`n-2`）次 `function` 所要執行的動作（我們的目標是找出費氏數列的前 `n` 個數值；不過你已經有前兩個數值了：

0 與 1)。這裡用了一個可拋式參數 _,表示你對 iterable 的「虛代值」沒什麼興趣。 你只對最新的費氏數值感興趣,只要計算出前面的最後兩個費氏數值加總和,接著就可以把計算結果附加到我們用來進行匯整的列表物件 x 中了。

另一種多行程式碼的替代解法

列表 6-10 的一行程式碼會反覆把兩個費氏數值進行相加,這種做法已經夠簡單了。列表 6-11 則提供了另一個漂亮的替代解法。

```
n = 10
x = [0,1]
fibs = x[0:2] + [x.append(x[-1] + x[-2]) or x[-1] for i in range(n-2)]
print(fibs)
# [0, 1, 1, 2, 3, 5, 8, 13, 21, 34]
```

列表 6-11:這一行程式碼是用迭代的方式找出費氏數列

這段程式碼是我的一位電子郵件訂閱者所提交的(各位可隨時透過 *https://blog.finxter.com/subscribe/* 加入我們的群組),其中運用了一種具有「副作用」的解析式列表:變數 x 總共會被新的費氏數值更動 n-2 次。要特別注意的是,append() 函式執行完動作之後並不會送回任何值,而是送回 None,而這個值會被視為 False。因此,這個解析式列表裡的表達式其實是運用了以下的構想,生成一個由整數所構成的列表:

```
print(0 or 10)
# 10
```

針對兩個整數執行 or 運算好像有點不太對勁,但你還記得嗎,布林型別其實是以整數型別為基礎。除了 0 以外的所有整數值,都會被解釋為 True。因此,這個 or 操作只會很單純地送回第二個整數值,而不會把結果轉換成布林值 True。好一段設計精妙的 Python 程式碼呀!

總結來說，現在你已經更加理解，Python 一行程式碼的另一種重要使用模式：運用 `reduce()` 函式建立列表時，可以採用動態的方式，利用剛修改或添加的最新列表元素，計算出另一個新的列表元素。在實務工作中，你應該會經常看到這個很好用的模式。

二元搜尋遞迴演算法

我們打算在本節學習每個資訊科學家都必須知道的一個基本演算法：二元搜尋演算法。在許多基本的資料結構（例如 set 集合、tree 樹狀結構、dict 字典、hash set 雜湊集合、hash table 雜湊表、map 映射與 array 陣列）的實作中，二元搜尋都有相當重要的實際應用。只要是稍微複雜一點的程式，一定都會用到這些基本的資料結構。

基礎

簡短來說，二元搜尋（*binary search*）演算法可以針對一堆已排序過的值所構成的序列 `l`，搜尋出其中某個特定的值 `x`，其做法就是反覆縮減序列的大小，直到最後只剩下一個值為止：這個值應該就是所要搜尋的值，或是序列中根本不存在所要搜尋的值。我們隨後就會再仔細檢視這個概念。

舉例來說，假設你想在一個已排序的列表中，搜尋出 56 這個值。比較單純的演算法會從列表的第一個元素開始，逐一檢查其值是否等於 56，然後再繼續檢查下一個元素，直到檢查完所有元素或找到其值為止。最糟的情況下，這個演算法可能會遍歷列表的每一個元素。如果是包含 10,000 個已排序元素的列表，就有可能需要花費將近 10,000 次的操作，檢查每個列表元素是否等於所要搜尋的值。如果用演算法理論的說法，我們可以說執行階段的複雜度，與列表元素的數量呈現出一種「**線性**」的關係。這個演算法並沒有善用各種有用的資訊，以達到最大的效率。

第一個有用的資訊，就是這個列表其實已完成了排序！只要利用這個事實，你就可以建立一種演算法，它只會用到列表裡的少數幾個元素，即可絕對判定列表中是否存在某個元素。二元搜尋演算法只需要遍歷 $log_2(n)$ 個元素（這是一個以 2 為底的對數）。也就是說，你只需要 $log_2(10,000) < 14$ 次的操作，就可以針對這個具有 10,000 個元素的列表，完成同樣的搜尋工作！

在二元搜尋演算法中，我們假設列表是以升序排列。這個演算法會先從中間的元素開始檢查。如果中間值大於所要搜尋的值，就表示從中間到最後的每一個列表元素全都大於所要搜尋的值。你想要找的值一定不會落在列表的這半邊，因此你只需要一次操作，馬上就可以排除掉列表其中一半的元素。

同樣的，如果所要搜尋的值大於中間的元素值，則可以先排除掉列表前半部分的元素。然後你只需要在演算法的每個步驟中，重複檢查元素落在列表的哪一半邊，藉此方式一次又一次減半列表的長度即可。圖 6-12 顯示的就是一個範例。

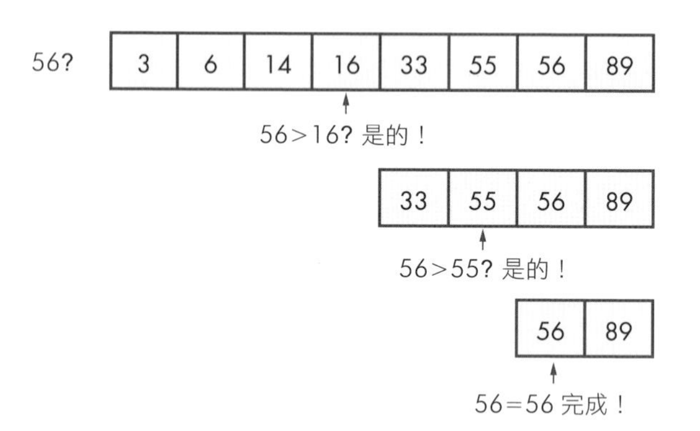

圖 6-12：二元搜尋演算法的執行範例

如果子列表有偶數個元素，就不會有明確的中間元素值。在這種情況下，你還是可以用無條件捨去的方式，決定中間元素的索引值。

我們想在已完成排序的八個整數值列表中，找出 56 這個值，同時還希望盡可能少接觸其中的元素值。二元搜尋演算法會檢查中間的元素值 *x*

（用無條件捨去的方式決定索引位置），然後再拋棄掉 56 不在其中的那一半列表。進行檢查時，通常會有三種結果：

- 元素 *x* 大於 56。演算法會拋棄掉列表的右半邊。
- 元素 *x* 小於 56。演算法會拋棄掉列表的左半邊。
- 元素 *x* 等於 56，如圖 6-12 的最後一行所示。恭喜，你已經找到想要的值了！

列表 6-12 顯示的就是二元搜尋演算法實際的實作程式碼。

```
def binary_search(lst, value):
    lo, hi = 0, len(lst)-1
    while lo <= hi:
        mid = (lo + hi) // 2
        if lst[mid] < value:
            lo = mid + 1
        elif value < lst[mid]:
            hi = mid - 1
        else:
            return mid
    return -1


l = [3, 6, 14, 16, 33, 55, 56, 89]
x = 56
print(binary_search(l,x))
# 6（所找到元素相應的索引值）
```

列表 6-12：二元搜尋演算法

這個演算法會以一個列表和一個所要搜尋的值做為其參數。然後它會運用 `lo` 與 `hi` 這兩個變數，重複減半搜尋的空間；這兩個變數定義的是所要搜尋的值可能存在的列表區間：`lo` 定義的是該區間的開頭索引，`hi` 定義的則是該區間的結尾索引。你可以持續檢查中間元素屬於哪一種情況，進而修改 `lo` 與 `hi` 的值，選出可繼續進行搜尋的列表區間。

雖然這裡的程式碼可有效實作出二元搜尋演算法，而且可讀性很好，執行起來也很有效率，但它還不是真正的一行程式碼！

程式碼

接下來我們就用一行程式碼來實作二元搜尋演算法（參見列表 6-13）！

```
## 資料
l = [3, 6, 14, 16, 33, 55, 56, 89]
x = 33

## 一行程式碼
❶ bs = lambda l, x, lo, hi: -1 if lo>hi else \
        ❷ (lo+hi)//2 if l[(lo+hi)//2] == x else \
        ❸ bs(l, x, lo, (lo+hi)//2-1) if l[(lo+hi)//2] > x else \
        ❹ bs(l, x, (lo+hi)//2+1, hi)


## 結果 s
print(bs(l, x, 0, len(l)-1))
```

列表 6-13：這一行程式碼實作了二元搜尋演算法

各位不妨猜猜看，這段程式碼會有什麼樣的輸出！

原理說明

由於二元搜尋天生就很適合遞迴的做法，因此請好好研究這裡的一行程式碼，對這個重要的資訊科學概念建立更直觀的理解。請注意，基於可讀性的考量，我把這裡的一行程式碼拆分成四行，不過你當然還是可以把它寫成一行。在這一行程式碼中，我運用了遞迴的方式來定義二元搜尋演算法。

這裡用 lambda 表達式建立了一個新的函式 `bs`，它有四個參數：`l`、`x`、`lo`、`hi` ❶。前兩個參數 `l` 與 `x` 分別是已排序的列表和所要搜尋的值。

lo 與 hi 這兩個參數分別定義我們在搜尋 x 時所採用的子列表相應最小與最大的索引值。在每一層的遞迴操作中，程式碼都會檢查 hi 與 lo 這兩個索引所指定的子列表，其中 lo 這個索引值會逐漸增加，hi 這個索引值會逐漸減小，因此子列表會變得越來越小。經過有限的步驟之後，lo > hi 這個條件有可能會變成 True。這就表示所要搜尋的子列表已經空了，而你還是沒找到 x 的值。這就是我們的遞迴操作相應的基本條件（base case）。由於沒找到元素 x，所以就送回 -1，代表所要找的值並不存在。

我們會用 (lo + hi)// 2 的計算結果，找出子列表的中間元素。如果這個中間元素恰好是你想要搜尋的值，就可以直接送回這個中間元素相應的索引值❷。要留意的是，這裡採用的是整數除法，會以無條件捨去的方式取得一個整數值，以做為中間元素的索引值。

如果中間元素大於所要找的值，就表示右半邊的元素全都比較大，因此你就可以用遞迴的方式再次調用函式，只不過這次會修改 hi 索引值，下一步只需考慮中間元素左半邊的列表元素 ❸。

同樣的，如果中間元素小於所要找的值，就不必再搜尋中間元素左半邊的所有元素了，因此你可以用遞迴的方式再次調用函式，只不過要先修改 lo 索引值，接下來只需考慮中間元素右半邊的列表元素即可❹。

如果在 [3, 6, 14, 16, 33, 55, 56, 89] 這個列表中搜尋 33 這個值，最後就會得到 4 這個索引值。

這裡的一行程式碼可增強你對各種程式碼概念的理解，其中用到了「條件執行」、「基本關鍵字」與「算術運算」等功能，以及「透過程式碼處理序列索引」這個重要的主題。更重要的是，你已學會如何運用遞迴的方式，讓複雜的問題變得更容易一些。

快速排序遞迴演算法

本節所要建立的一行程式碼，會用到很受歡迎的 *Quicksort* 演算法；顧名思義，它可以快速對資料進行排序。

基礎

Quicksort 是許多程式設計面試（譬如 Google、Facebook、Amazon 的面試）很常見的一個問題，它也是一種快速、簡潔易讀的實用排序演算法。由於它的做法很優雅，因此大多數介紹演算法的課程都會介紹 Quicksort 的做法。

Quicksort 會以遞迴的方式，把大問題拆分成比較小的問題，並結合小問題的解法來解決大問題。

這裡會以遞迴的方式，用相同的策略解決每一個小問題：小問題還會再被切分成更小的子問題，各自分頭解決，再結合起來，因此 Quicksort 可歸類成「分治型」（*Divide and Conquer*）演算法。

Quicksort 會選取一個所謂的**基準**（*pivot*）元素，然後把所有大於基準的元素放到右邊，所有小於等於基準的元素則放到左邊。這樣就可以把「對列表進行排序」這個比較大的問題，切分成兩個比較小的子問題：「對比較小的列表進行排序」。然後你再以遞迴的方式重複此程序，直到切出只具有零個元素的列表為止，如此一來列表就完成了排序，可以讓遞迴終止下來了。

圖 6-13 顯示的就是 Quicksort 演算法運作的過程。

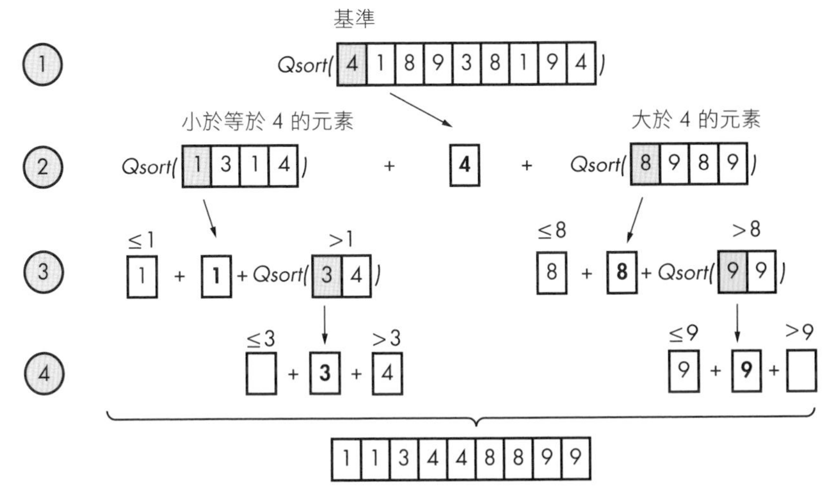

圖 6-13：Quicksort 快速排序演算法的執行範例

圖 6-13 顯示的就是 [4, 1, 8, 9, 3, 8, 1, 9, 4] 這個未排序過的整數列表，運用 Quicksort 演算法進行排序的範例。一開始，它選取 4 做為基準元素，把列表切分成兩個未完成排序的子列表，分別是所有元素都小於等於基準的 [1, 3, 1, 4]，以及所有元素均大於基準的 [8, 9, 8, 9]。

接著再繼續以遞迴的方式調用 Quicksort 演算法，針對這兩個未排序的子列表分別進行排序。如果要進行排序的子列表最多只包含一個元素，按照定義來說就是完成了排序，因此就可以結束相應的遞迴操作了。

在每一層的遞迴操作結束之前，我們都會先把（左、基準、右）三個子列表串接起來，然後再把串接後的列表遞交給上一層的遞迴操作，繼續完成後續的處理。

程式碼

這裡會建立一個函式 q，用 Python 的一行程式碼實作出 Quicksort 演算法；我們只要把整數列表當做參數送入函式，就能進行排序（參見列表 6-14）。

```
## 資料
unsorted = [33, 2, 3, 45, 6, 54, 33]


## 一行程式碼
q = lambda l: q([x for x in l[1:] if x <= l[0]]) + [l[0]] + q([x for x in l if x > l[0]]) if l else []


## 結果
print(q(unsorted))
```

列表 6-14：這一行程式碼用遞迴的方式實現了 Quicksort 快速排序演算法

現在，你能否（最後一次）猜出程式碼的輸出結果呢？

原理說明

這裡的一行程式碼直接實現了我們剛剛所討論的演算法。首先，我們建立了一個新的 lambda 函式 `q`，它可以接受一個列表參數 `l`，然後對它進行排序。如果從比較高的角度來看，這個 lambda 函式具有以下的基本結構：

```
lambda l: q( 左半邊 ) + 基準 + q( 右半邊 ) if l else []
```

如果執行來到遞迴的基本狀況（也就是列表為空，排序已完成），lambda 函式就會送回空列表 `[]`。

至於其他的情況，這個函式都會選擇列表 `l` 的第一個元素做為基準元素，然後根據小於或大於基準元素的判斷方式，把所有元素分成兩個子列表（「左半邊」與「右半邊」）。為了生成左右兩邊的子列表，你簡單採用了解析式列表的做法（參見第 2 章）。由於這兩個子列表都還沒完成排序，所以還是要繼續以遞迴的方式，分別對它們執行 Quicksort 演算法。最後你會把三個列表組合起來，然後送回已完成排序的列表。因此，最後的結果如下：

```
## 結果
print(q(unsorted))
# [2, 3, 6, 33, 33, 45, 54]
```

小結

我們在本章學習了一些在資訊科學領域中相當重要的演算法，內容牽涉到各式各樣的主題，包括易位構詞、迴文、冪集合、排列方式、階乘、質數、費氏數列、混淆做法、搜尋與排序等等。其中有許多是構成更高階演算法的基礎，而且在演算法教育方面，也可以播下一些希望的種子。努力提升你在演算法與相關理論方面的知識，是提高程式設計效率其中一種最有效的方法。我甚至會說，對於演算法的理解不足，可說是大多數中等程度程式設計者在學習進度上停滯不前的首要原因。

為了協助你擺脫困境，我會定期在我的「Coffee Break Python」（喝咖啡、聊 Python：*https://blog.finxter.com/subscribe/*）介紹一些新演算法，以持續保持進步。感謝你花費寶貴的時間與精力，研究本書所有的一行程式碼與說明，希望你確實發覺自己的技能獲得了提升。根據我教過好幾千名 Python 學習者的經驗，中等程度的程式設計者其中有超過一半的人，在理解基本 Python 一行程式碼方面遇到了困難。在本書的承諾與堅持下，你應該會有很大的機會超越其他中等程度的程式設計者，成為一個 Python 大師（或至少是程度排名前 10% 的程式設計者）。

後記

恭喜！現在你已通讀本書，而且已掌握少有人能精通的 *Python* **一行程式碼**。現在你已經為自己奠定了堅實的基礎，讓你的 Python 程式設計技巧更進一步突破極限。仔細研究過本書所有的 Python 一行程式碼之後，你應該有能力征服未來所要面對的各種 Python 一行程式碼了。

就像任何超能力一樣，你必須善用這項能力。一味濫用一行程式碼，對你的程式碼專案只有壞處。我在本書把所有演算法壓縮成一行程式碼，目的是為了讓你的程式碼理解能力提升到一個新的高度。但你應該要注意的是，千萬不要在實際的程式碼專案中「**過度使用**」你的這項技能。請不要把所有東西全都塞進一行程式碼，藉此炫耀你能寫出一行程式碼的超能力。

反過來說，何不嘗試運用你的超能力，拆解現有程式碼中最複雜的一行程式碼，讓它更具有可讀性呢？就像超人可以利用他的超能力，協助一般人享有舒適的生活，你也可以用這項超能力協助一般程式設計師，讓他們獲得更舒適的程式設計生活。

本書的主要承諾，就是讓你成為 Python 的一行程式碼大師。如果你認為本書確實兌現了此一承諾，請在你喜歡的書店（例如 Amazon）投票，協助他人與本書相遇。如果你在本書遇到任何問題，或希望提供任何正負面的回應，我也很鼓勵你到 *chris@finxter.com* 給我留下訊息。我們很樂意不斷改進本書，在未來的版本中也會把你的回饋意見列入考量；為了表示感謝，我會免費贈送我的《*Coffee Break Python Slicing*》電子書，給任何有建設性回饋意見的人。

最後，如果你想不斷提高自己的 Python 技能，請造訪 *https://blog.finxter.com/subscribe/* 訂閱我的 Python 最新訊息（newsletter），我幾乎每天都會在最新訊息發佈最新的資訊科學教育相關內容（例如 Python 速查表），為你與其他成千上萬雄心勃勃的程式設計者，提供一條能夠持續改進、最終能夠精通 Python 的道路。

現在你已經有能力掌握一行程式碼，接下來應該考慮把重點轉移到更大的程式碼專案上了。你可以開始嘗試去瞭解物件導向程式設計與專案管理的知識；最重要的是，請選擇你自己實際在進行的程式碼專案，並持續不斷努力學習。這樣可以提高你的學習記憶力，還有極大的激勵與鼓勵作用，進而在現實世界中創造出價值，這可說是一種最實際的訓練形式。以學習效率來說，實務經驗絕對是無可取代的。

我經常鼓勵我的學生，至少要把 70% 的學習時間用於實際的專案中。如果你每天有 100 分鐘的學習時間，建議用其中 70 分鐘從事實際的程式碼專案，再花 30 分鐘讀書、或是完成各種課程與教程。這好像是很明顯的合理做法，但大多數人還是沒做到，因為大多數人總覺得自己還沒準備好，還沒有能力投入到實際的程式碼專案之中。

很高興與你共度這麼長的一段時光，而且我也非常感謝你對於這本訓練書籍的投入。願你的投入能夠轉變成有利可圖的投資！希望你的程式設計生涯一切順利，期待我們很快就能再次相見。

最後，祝你擁有愉快的程式設計體驗！

Chris

Python 不廢話，一行程式碼｜像高手般寫出簡潔有力的 Python 程式碼

作　　者：Christian Mayer
譯　　者：藍子軒
企劃編輯：莊吳行世
文字編輯：江雅鈴
設計裝幀：張寶莉
發 行 人：廖文良

發 行 所：碁峰資訊股份有限公司
地　　址：台北市南港區三重路 66 號 7 樓之 6
電　　話：(02)2788-2408
傳　　真：(02)8192-4433
網　　站：www.gotop.com.tw
書　　號：ACL060300
版　　次：2021 年 10 月初版
建議售價：NT$450

國家圖書館出版品預行編目資料

Python 不廢話，一行程式碼：像高手般寫出簡潔有力的 Python 程式碼 / Christian Mayer 原著；藍子軒譯. -- 初版. -- 臺北市：碁峰資訊, 2021.10
面； 公分
譯自：Python one-liners : write concise, eloquent Python like a professional.
ISBN 978-986-502-929-6(平裝)
1.Python(電腦程式語言)
312.32P97　　　　110013234

讀者服務

- 感謝您購買碁峰圖書，如果您對本書的內容或表達上有不清楚的地方或其他建議，請至碁峰網站：「聯絡我們」\「圖書問題」留下您所購買之書籍及問題。（請註明購買書籍之書號及書名，以及問題頁數，以便能儘快為您處理）
http://www.gotop.com.tw
- 售後服務僅限書籍本身內容，若是軟、硬體問題，請您直接與軟體廠商聯絡。
- 若於購買書籍後發現有破損、缺頁、裝訂錯誤之問題，請直接將書寄回更換，並註明您的姓名、連絡電話及地址，將有專人與您連絡補寄商品。